工学结合·基于工作过程导向的项目化创新系列教材
国家示范性高等职业教育机电类"十三五"规划教材

数控车床
编程与操作

Shukong Chechuang
Biancheng yu Caozuo

主　编 ◎ 王素艳

副主编 ◎ 薛　辉　汪佑思

参　编 ◎ 段征育　翟　上

U0235149

华中科技大学出版社
http://www.hustp.com
中国·武汉

图书在版编目(CIP)数据

数控车床编程与操作/王素艳主编. —武汉:华中科技大学出版社,2018.9
ISBN 978-7-5680-4642-8

Ⅰ.①数… Ⅱ.①王… Ⅲ.①数控机床-车床-程序设计-高等职业教育-教材 ②数控机床-车床-操作-高等职业教育-教材 Ⅳ.①TG519.1

中国版本图书馆 CIP 数据核字(2018)第 223944 号

数控车床编程与操作 王素艳 主编
Shukong Chechuang Biancheng yu Caozuo

策划编辑:袁 冲
责任编辑:徐桂芹
封面设计:孢 子
责任监印:朱 玢
出版发行:华中科技大学出版社(中国·武汉) 电话:(027)81321913
　　　　　武汉市东湖新技术开发区华工科技园 邮编:430223
录　　排:武汉正风天下文化发展有限公司
印　　刷:武汉华工鑫宏印务有限公司
开　　本:787mm×1092mm 1/16
印　　张:15
字　　数:370 千字
版　　次:2018 年 9 月第 1 版第 1 次印刷
定　　价:39.00 元

前言

目前，随着国内数控机床用量的增加，亟须培养一大批能够熟练掌握现代数控机床编程、操作和维护的高级技能型人才。为了适应市场的需求，我国职业院校和相关企业通常选用日本的 FANUC(发那科)系统、Mazak(马扎克)系统、MITSUBISHI(三菱)系统，德国的SIEMENS(西门子)系统、HEIDENHAIN(海德汉)系统，以及国产的广州数控系统、华中数控系统和北京凯恩帝数控系统。本书以占市场份额较大的 FANUC 系统和华中数控系统为例进行剖析。本书通过典型实例，以数控车削加工为主线，全面、系统地介绍了数控技术的基础知识、数控车床的数控系统与机械结构、车削加工的工艺分析、FANUC 系统数控编程、华中系统数控车床编程与操作等方面的知识，努力做到系统性、实用性和全面性并重。

本书收集了大量来源于企业和相关院校实训基地的典型加工实例，突出了实用的特点，内容通俗易懂，便于技术工人自学。本书借鉴了国外较权威的图书，精选了大量的实物和操作界面图片，可以提高读者的阅读兴趣，同时可以使读者更容易理解和接受。

本书由沈阳职业技术学院王素艳老师担任主编，湘西民族职业技术学院薛辉和广州市黄埔职业技术学校汪佑思担任副主编，湘西民族职业技术学院段征育和沈阳职业技术学院翟上参与编写。具体分工如下：第 1、3、4、5 章由王素艳编写，第 2 章由薛辉和翟上编写，第6 章由汪佑思和段征育编写。本书在编写的过程中得到了编者所在单位的领导和相关老师的大力支持，在此表示感谢。

本书既可作为高职院校数控及机械类专业的教材，也可作为数控车床操作人员的培训教材。

编 者
2018 年 4 月 26 日

目录

第1章　数控车床概述 ·· （1）

1.1　数控车床简介 ·· （1）

1.2　数控机床的机械结构 ·· （6）

1.3　数控设备的编码方法 ·· （23）

习题 ··· （25）

第2章　数控车削加工工艺 ·· （26）

2.1　数控车削零件和常用夹具 ·· （26）

2.2　数控车床加工工艺分析方法 ··· （30）

2.3　数控车床常用刀具及刀具的装夹 ···································· （33）

2.4　典型零件工艺分析实例 ··· （39）

习题 ··· （43）

第3章　华中系统数控编程 ·· （44）

3.1　数控编程概述 ·· （44）

3.2　准备功能（G代码） ·· （46）

3.3　程序的构成 ··· （48）

3.4　M、S、T、F功能指令 ··· （49）

3.5　坐标值与尺寸单位 ·· （51）

3.6　华中系统的编程方法 ·· （52）

3.7　刀具补偿功能 ·· （55）

3.8　简单循环 ·· （58）

3.9　复合循环 ·· （66）

3.10　编程综合实例 ·· （73）

习题 ··· （76）

第4章　FANUC系统数控编程 ·· （77）

4.1　数控编程概述 ·· （77）

4.2 数控机床的坐标系及系统功能 ……………………………… (79)

4.3 FANUC 系统常用的编程方法及运动轨迹控制指令 …………… (81)

4.4 车削循环 ……………………………………………………… (92)

4.5 子程序与宏程序 ……………………………………………… (118)

4.6 仿真软件机床台面操作 ……………………………………… (126)

4.7 标准车床面板操作 …………………………………………… (128)

4.8 机床操作的其他功能 ………………………………………… (135)

习题 ………………………………………………………………… (136)

第 5 章 华中系统数控车床操作 …………………………………… (139)

5.1 数控车床电源操作与面板操作 ……………………………… (139)

5.2 数控车床的手动操作 ………………………………………… (142)

5.3 图形显示 ……………………………………………………… (145)

5.4 刀具管理 ……………………………………………………… (146)

5.5 加工程序的编辑与管理 ……………………………………… (148)

5.6 数控车削加工综合实例 ……………………………………… (150)

习题 ………………………………………………………………… (153)

第 6 章 数控车床自动编程 ………………………………………… (155)

6.1 自动编程概述 ………………………………………………… (155)

6.2 自动编程实例 ………………………………………………… (180)

习题 ………………………………………………………………… (212)

附录 数控车床编程与操作习题 …………………………………… (214)

参考文献 …………………………………………………………… (232)

第 *1* 章　数控车床概述

本章主要介绍数控专业的基本概念、数控机床的产生和发展、数控车床的机械结构、数控车床的功能及类型、数控设备的编码方法等。这些是数控专业人员必须掌握的基本知识。

1.1　数控车床简介

1.1.1　数控的定义

数字控制(NC)可定义为通过机床控制系统用特定的编程代码对机床进行操作,这些代码是由字母、阿拉伯数字及选用的符号按照一定的逻辑顺序和规定格式组成的。计算机数字控制(CNC)是通过以计算机为核心的数控系统对机械运动及加工过程进行控制。

若严格遵照术语本身,NC 和 CNC 的含义是不同的。NC 代表旧版的、最初的数控技术,而 CNC 代表新版的计算机控制技术。

NC 系统(与 CNC 系统比较而言)使用固定的逻辑单元操作程序,这些操作程序是内置的,并且是永久性地嵌入到控制单元内部的。这些操作程序不能由编程人员或机床操作人员更改,所有程序的修改必须脱离控制系统来做,一般在办公室环境下完成。NC 系统要求必须用穿孔纸带来输入程序信息。

CNC 系统主要使用内部微处理器(即计算机)操作程序。计算机含有储存各种程序的寄存器,这些程序可以用来处理逻辑操作。这就意味着零件编程员和机床操作员可以通过控制系统自身(在机床上)来修改程序,这样很快可以得到结果。CNC 程序和逻辑操作作为软件指令存储在专用的计算机芯片上,而不是用电缆类的硬件连接方式来控制逻辑操作。

由于现代数控系统都采用了计算机,因此可以认为 NC 和 CNC 等同。

1.1.2　数控机床的发展和特点

1. 数控机床的产生和发展

1946 年,世界上第一台电子计算机研制成功,为机械产品制造由刚性自动化向柔性自动化方向发展奠定了基础。为了解决航空与宇宙航行方面的大型零件和复杂零件的单件、小批量生产的问题,美国开展了军备竞赛。1949 年,为了能在短时间内制造出经常变更设计的火箭零件,美国空军后勤司令部委托 PARSONS 公司与麻省理工学院伺服机构研究所协作研制数控机床,1952 年 3 月,世界上第一台三坐标数控镗铣床研制成功。它综合应用了电子计算机、自动控制、伺服驱动、精密检测与新型机械结构等方面的技术成果。

数控机床的发展先后经历了两个阶段:第一个阶段是 NC 阶段;第二个阶段是 CNC 阶段。

2. 计算机数字控制机床

由于用户对产品需求的不断变化,机械加工也由刚性自动化向柔性自动化方向发展。随着电子计算机的发展,机械制造业的自动化经历了 CNC(计算机数控系统)—FMS(柔性制造系统)—CIMS(计算机集成制造系统)三个发展阶段。这使制造业朝着设计、制造、管理全自动化的方向发展。这里计算机数字控制机床是基础,因此,我们先对计算机数字控制机床进行简单的介绍。

计算机数字控制机床是一种利用计算机通过数字信息来进行自动控制的自动化机床。该控制系统能够处理具有控制编码或其他符号指令规定的程序,并将其译码,从而使机床各坐标协调运动,并按加工的动作顺序要求自动控制机床各个部件的动作(如换刀、工件的夹紧与放松、切削液的开关等),完成零件的加工。

3. 数控机床的特点

与普通机床相比,数控机床有如下特点。

(1) 加工精度高,具有稳定的加工质量。

(2) 可进行多坐标的联动,能加工形状复杂的零件。

(3) 加工零件改变时,一般只需要更改数控程序,可节省生产准备时间。

(4) 机床本身的精度高,刚性大,可选择有利的加工用量,生产率高(一般为普通机床的 3~5 倍)。

(5) 机床自动化程度高,可以减轻劳动强度。

(6) 对操作人员的素质要求较高,对维修人员的技术要求更高。

1.1.3 数控机床的结构、组成、工作原理及布局

1. 数控机床的结构及组成

数控机床由机床本体和计算机数控系统两大部分组成。计算机数控系统由输入装置、数控装置、驱动装置等组成,机床本体由主运动机构、进给运动机构和辅助控制装置等组成,如图 1-1 所示。

1) 机床本体

机床本体包括机床床身、立柱、主轴、进给运动机构等机械部件。它是用于完成各种切削加工的机械部件。

2）输入装置

输入装置的作用是将程序载体（信息载体）上的数控代码传递并存入数控系统中。根据存储介质的不同，输入装置可以是光电阅读机、磁带机、软盘驱动器等。数控加工程序也可通过键盘用手工方式直接输入数控系统。数控加工程序还可采用网络通信方式传送到数控系统中。零件加工程序的输入有两种不同的方式：一种是边读入边加工（数控系统内存较小时），另一种是一次将零件加工程序全部读入数控装置内部的存储器，加工时再从内部存储器中逐段调出进行加工。

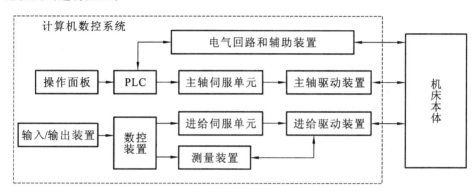

图 1-1　数控机床的组成

3）数控装置

数控装置是数控机床的核心，其功能是接收输入的加工信息，经过数控装置的系统软件和逻辑电路进行译码、运算和逻辑处理，向伺服系统发出相应的脉冲，并通过伺服系统控制机床运动部件按加工程序指令运动。

4）驱动装置

驱动装置是数控机床执行机构的驱动部件，包括主轴驱动单元、进给驱动单元、主轴电机及进给电机等。它在数控装置的控制下通过电气或电液伺服系统实现主轴和进给驱动。当几个进给联动时，可以完成定位、直线、平面曲线和空间曲线的加工。

5）辅助装置

辅助装置指数控机床的一些必要的配套部件，用来保证数控机床的运行，主要包括液压和气动装置、排屑装置、刀具、监控检测装置等。

2. 数控车床的工作原理

数控车床的主运动由主轴电机驱动，主轴采用变频无级调速的方式进行变速。驱动系统采用伺服电机（对于小功率的车床，采用步进电机）驱动，经过滚珠丝杠传到滑板和刀架，以连续控制的方式，实现刀具的纵向进给运动和横向进给运动。数控车床的主运动和进给运动的同步信号来自于安装在主轴上的脉冲编码器。当主轴旋转时，脉冲编码器便向数控系统发出检测脉冲信号。数控系统对脉冲编码器的检测脉冲信号进行处理后传给伺服系统中的伺服控制器，伺服控制器再驱动伺服电机移动，从而使主运动与刀架的切削进给保持同步。

3．数控车床的布局

数控车床的主轴、尾座等部件相对于床身的布局形式与卧式车床基本一致，而刀架和导轨的布局形式发生了很大的变化，这是因为刀架和导轨的布局形式会直接影响数控车床的使用性能。另外，数控车床上都设有封闭的防护装置。

1）床身和导轨的布局

数控车床的床身和导轨有四种布局形式：水平床身、斜床身、水平床身斜滑板和立床身（见图1-2）。

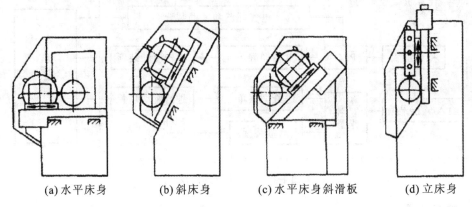

| (a) 水平床身 | (b) 斜床身 | (c) 水平床身斜滑板 | (d) 立床身 |

图 1-2　数控车床床身和导轨的布局形式

水平床身的工艺性好，便于导轨面的加工。水平床身配上水平配置的刀架可提高刀架的运动速度，一般可用于大型数控车床或小型精密数控车床的布局。但是水平床身由于下部空间小，导致排屑困难。从结构尺寸上看，刀架水平放置使得滑板横向尺寸较大，从而加大了机床宽度方向的结构尺寸。

水平床身配上倾斜放置的滑板，并配置倾斜式导轨防护罩的布局形式，一方面具有水平床身工艺性好的特点，另一方面机床宽度方向的结构尺寸比水平配置滑板的要小，且排屑方便。

水平床身配上倾斜放置的滑板和斜床身配置斜滑板的布局形式被中、小型数控车床普遍采用。这是由于这两种布局形式排屑容易，铁屑不会堆积在导轨上，也便于安装自动排屑器；操作方便，易于安装机械手，以实现单机自动化；车床占地面积小，外形简洁、美观，容易实现封闭式防护。

斜床身的导轨倾斜的角度可为 30°、45°、60°、75° 等。倾斜角度小，排屑不便；倾斜角度大，导轨的导向性差，受力情况也差。导轨倾斜角度的大小还会直接影响车床外形尺寸高度与宽度的比例。综合考虑上面的各种因素，中、小型数控车床床身的倾斜角度以 60° 为宜。

2）刀架的布局

数控车床的刀架是车床的重要组成部分，刀架是用来夹持刀具的，因此，其结构直接影响车床的切削性能和切削效率，在一定程度上，刀架的结构和性能体现了数控车床的设计与制造水平。随着数控车床的不断发展，刀架的结构形式也在不断创新，但是从总体上来说，刀架大致可以分为两大类，即排刀式刀架和转塔式刀架。有的车削中心还采用带刀库的自动换刀装置。

排刀式刀架一般用于小型数控车床,各种刀具排列并夹持在可移动的滑板上,换刀时可实现自动定位。

　　转塔式刀架也称为刀塔或刀台,有立式和卧式两种结构形式。转塔式刀架具有多刀位自动定位装置,通过转塔头的旋转、分度和定位来实现车床的自动换刀动作。转塔式刀架应分度准确、定位可靠、重复定位精度高、转位速度快、夹紧刚性好,以保证数控车床的高精度和高效率。有的转塔式刀架不仅可以实现自动定位,还可以传递动力。目前,两坐标联动车床多采用 12 工位的回转刀架,也有采用 6 工位、8 工位、10 工位回转刀架的。回转刀架在车床上的布局有两种形式:一种是用于加工盘类零件的回转刀架,其回转轴垂直于主轴;另一种是用于加工轴类零件的回转刀架,其回转轴平行于主轴。

　　四轴控制的数控车床的床身上安装有两个独立的滑板和回转刀架,故称为双刀架四坐标数控车床。其中,每个刀架的切削进给量是分别控制的,因此,两个刀架可以同时切削同一工件的不同部位,既扩大了加工范围,又提高了加工效率。四坐标数控车床的结构比较复杂,且需要配置专门的数控系统,实现对两个独立刀架的控制。这种机床适合于加工曲轴、飞机零件等形状复杂的零件。

1.1.4　数控车床的分类

　　数控车床种类繁多,可采用不同的方法进行分类。

1. 按功能分类

1) 经济型数控车床

经济型数控车床(见图 1-3)是在卧式车床的基础上进行改进设计的,一般采用步进电机驱动的开环伺服系统,其控制部分通常用单板机或单片机实现,具有 CRT 显示、程序存储、程序编辑等功能。这类数控车床加工精度不高,主要用于加工精度要求不高,有一定复杂程度的零件。

2) 全功能数控车床

全功能数控车床(见图 1-4)在结构上突出了精度保持性、可靠性、可扩展性、安全性、易操作性和可维修性等特点,适用于对回转体、轴类和盘类零件进行直线、圆弧、曲面、螺纹、沟槽和锥面等高效、精密、自动车削加工,具有刀尖半径自动补偿、恒线速度、固定循环、宏程序等先进功能。

图 1-3　经济型数控车床

图 1-4　全功能数控车床

3）车削中心

车削中心的主体是数控车床,配有动力刀座或机械手,可实现车、铣复合加工,如高效率车削、铣削凸轮槽和螺旋槽。图 1-5 所示为一种高速卧式车削中心。

4）数控立式车床

数控立式车床(见图 1-6)主要用于加工径向尺寸较大,轴向尺寸相对较小,且形状较复杂的大型或重型零件,适用于对机械、冶金、军工、铁路等行业的直径较大的车轮、法兰盘、大型电机座、箱体等进行车削加工。

图 1-5　高速卧式车削中心

图 1-6　数控立式车床

2. 按主轴的配置形式分类

(1) 卧式数控车床。主轴轴线处于水平位置。

(2) 立式数控车床。主轴轴线处于垂直位置。

另外,还有具有两根主轴的车床,称为双轴卧式数控车床或双轴立式数控车床。

3. 按数控系统控制的轴数分类

(1) 两轴控制的数控车床。车床上只有一个回转刀架,可实现两轴控制。

(2) 四轴控制的数控车床。车床上有两个独立的回转刀架,可实现四轴控制。

对于车削中心或柔性制造单元,还要增加其他的附加坐标轴来满足机床的功能。目前,我国使用较多的是中、小型的两坐标连续控制的数控车床。

1.2　数控机床的机械结构

1.2.1　数控车床的机械结构

与卧式车床相比,数控车床在结构上仍然由主轴箱、刀架、进给传动系统、床身、液压系统、冷却系统、润滑系统等组成,只是数控车床的进给传动系统与卧式车床的进给传动系统在结构上有着本质上的差别。典型数控车床的机械结构组成如图 1-7 所示。卧式车床主轴的运动经过挂轮架、进给箱、溜板箱传到刀架实现纵向和横向进给运动,而数控车床是采用伺服电机,经过滚珠丝杠传到滑板和刀架,实现纵向和横向进给运动。数控车床也有加工各种螺纹的功能,主轴旋转与刀架移动间的运动关系通过数控系统来控制。数控车床主轴箱内安装有脉冲编码器,主轴的运动通过同步齿形带 1∶1 地传到脉冲编码器。当主轴旋转时,脉冲编码器便向数控系统发出检测脉冲信号,使主轴电机的旋转与刀架的切削进给保持加工螺纹所需的运动关系。

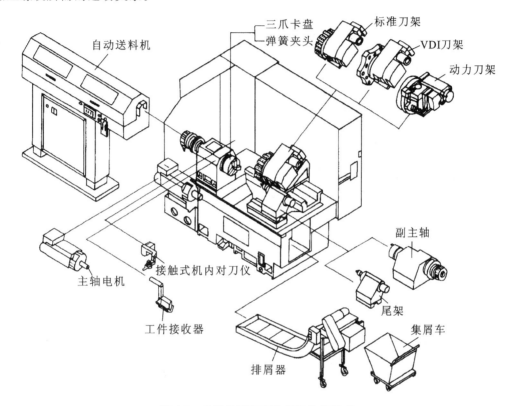

图 1-7　典型数控车床的机械结构组成

1．数控车床主运动传动系统及主轴部件

1）主运动传动系统

主运动传动系统是数控车床的重要组成部分之一,它的转速范围、传递功率和动力特性决定了数控车床的切削加工工艺能力。下面以 MJ-50 数控车床的主运动传动系统(见图 1-8)为例进行介绍。其中,主运动传动系统由功率为 11 kW 的 AC 伺服电机驱动,经一级 1∶1 的带传动带动主轴旋转,使主轴在 35～3 500 r/min 的转速范围内实现无级调速。由于主轴箱内部省去了齿轮传动变速机构,所以减少了齿轮传动对主轴精度的影响,并且维修方便。

2）主轴部件

数控车床主轴部件的精度、刚度和热变形对加工质量有直接的影响。

(1)主轴的支承。

数控车床主轴的支承配置形式(见图 1-9)主要有以下三种。

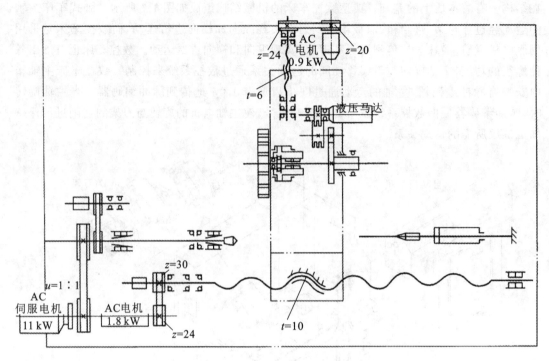

图 1-8　MJ-50 数控车床的主运动传动系统

① 前支承采用双列圆柱滚子轴承和 60°角接触球轴承组合,后支承采用成对安装的高精度角接触球轴承,这种配置使主轴的综合刚度大幅度提高,普遍应用于各类数控机床主轴。

② 前支承采用高精度双列(或三列)角接触球轴承,后支承采用单列(或双列)角接触球轴承,这种配置适用于高速、轻载、精密的数控机床主轴。

③ 前、后支承采用双列和单列圆锥滚子轴承,这种配置适用于中等精度、低速、重载的数控机床主轴。

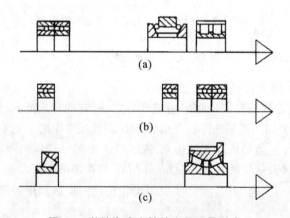

图 1-9　数控车床主轴的支承配置形式

图 1-10 所示为 MJ-50 数控车床主轴的结构。交流主轴电机通过带轮 15 把运动传给主轴 7。主轴的前支承由一个双列圆柱滚子轴承 11 和一对角接触球轴承 10 组成,轴承 11 用

来承受径向载荷,两个角接触球轴承分别承受两个方向的轴向载荷,另外还承受径向载荷。松开螺母 8 的锁紧螺钉,就可用螺母来调整前支承轴承的间隙。主轴的后支承为双列圆柱滚子轴承 14,轴承间隙用螺母 1 和 6 来调整。主轴的支承形式为前端定位,主轴受热膨胀向后伸长,前、后支承所用的双列圆柱滚子轴承的支承刚性好,允许的极限转速高。前支承中的角接触球轴承能承受较大的轴向载荷,且允许的极限转速较高。主轴所采用的支承结构能满足高速、大载荷的需要。主轴的运动经过同步带轮 16 和 3,以及同步带 2 带动脉冲编码器 4,使其与主轴同速运转。脉冲编码器用螺钉 5 固定在箱体 9 上。

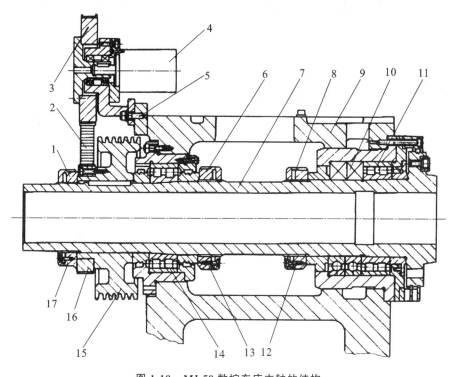

图 1-10　MJ-50 数控车床主轴的结构

1、6、8—螺母;2—同步带;3、16—同步带轮;4—脉冲编码器;5、12、13、17—螺钉;7—主轴;9—箱体;

10—角接触球轴承;11、14—圆柱滚子轴承;15—带轮

图 1-11 所示为 TND360 数控车床主轴的结构。主轴内孔用于通过长的棒料,也可以用于通过气动、液压夹紧装置(动力夹盘)。主轴前端的短圆锥及其端面用于安装卡盘或夹盘。主轴前、后支承都采用角接触球轴承。前支承三个一组,前面两个大口朝前端,后面一个大口朝后端。后支承的两个角接触球轴承小口相对。

(2)液压卡盘的结构。

数控车床工件夹紧装置可采用三爪自定心卡盘、四爪单动卡盘或弹簧夹头(用于棒料加工)。为了减少数控车床装夹工件的辅助时间,广泛采用液压或气动动力自定心卡盘。液压卡盘的结构如图 1-12 所示。液压卡盘固定安装在主轴前端,回转液压缸 1 与接套 5 用螺钉 7 连接,接套又通过螺钉与主轴后端面连接,使回转液压缸随主轴一起转动。卡盘的夹紧与松开,由回转液压缸通过空心拉杆 2 驱动。空心拉杆后端与液压缸内的活塞 6 用螺纹连接,联结套 3 两端的螺纹分别与空心拉杆 2 和滑套 4 连接。当液压缸内的压力油推动活塞和拉杆向卡盘方向移动时,滑套 4 向右移动,并通过楔形槽的作用,使卡爪座 11 带着卡爪 12 沿径向向外移动,从而使卡盘松开。反之,液压缸内的压力油推动活塞和拉杆向主轴后端移动,通过楔形机构,使卡盘夹紧工件。卡盘体 9 用螺钉 10 固定安装在主轴前端。

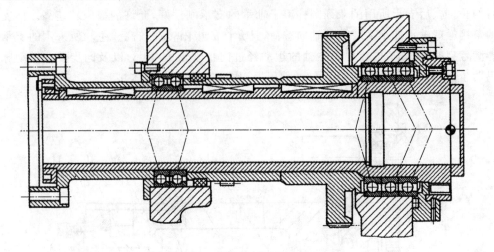

图 1-11 TND360 数控车床主轴的结构

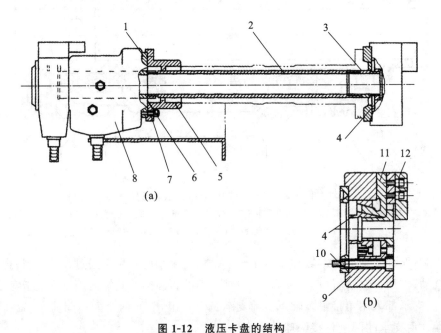

图 1-12 液压卡盘的结构

1、8—回转液压缸;2—空心拉杆;3—联结套;4—滑套;5—接套;6—活塞;7、10—螺钉;
9—卡盘体;11——卡爪座;12—卡爪

(3) 主轴编码器。

数控车床主轴编码器采用与主轴同步的光电脉冲发生器。该装置可以通过中间轴上的齿轮 1:1 地与主轴同步转动,也可以通过弹性联轴器与主轴同轴安装。利用主轴编码器检测主轴的运动信号,一方面可实现主轴调速的数字反馈,另一方面可用于进给运动的控制,例如车螺纹时,控制主轴与刀架之间的运动关系。

2. 数控车床进给传动系统及传动装置

1）进给传动系统的特点

数控车床的进给传动系统是控制 X、Z 坐标轴伺服系统的主要组成部分。它将伺服电机的旋转运动转化为刀架的直线运动，而且对移动精度要求很高，X 轴最小移动量为 0.000 5 mm（直径编程），Z 轴最小移动量为 0.001 mm。采用滚珠丝杠螺母副，可以有效地提高进给传动系统的灵敏度和定位精度。另外，消除丝杠螺母副的配合间隙和丝杠两端的轴承间隙，也有利于提高传动精度。

数控车床的进给传动系统采用伺服电机驱动，通过滚珠丝杠螺母副带动刀架移动，所以刀架的快速移动和进给运动为同一传动路线。

2）对进给传动系统的性能要求

数控车床进给传动装置的精度、灵敏度和稳定性，会直接影响工件的加工精度。因此，数控车床的进给传动系统必须满足下列要求。

（1）提高传动精度和刚度，消除传动间隙。

从机械结构方面考虑，进给传动系统的传动精度和刚度主要取决于丝杠螺母副、传动齿轮副的传动精度及其支承结构的刚度。加大丝杠直径，对丝杠螺母副、支承部件、丝杠本身施加预紧力，是提高刚度的有效措施。传动间隙主要来自于传动齿轮副、丝杠螺母副及其支承部件之间，因此，进给传动系统中广泛采用施加预紧力或其他消除传动间隙（缩短传动链或采用高精度的传动装置）的措施来提高传动精度。

（2）减小摩擦阻力。

为了提高数控车床进给传动系统的快速响应性能，除了对伺服元件提出要求外，还必须减小运动部件之间的摩擦阻力和动、静摩擦力之差。在数控车床进给传动系统中，为了减小摩擦阻力，普遍采用滚珠丝杠螺母副、静压丝杠螺母副、滚动导轨、静压导轨和塑料导轨等。

（3）降低运动部件的惯量。

运动部件的惯量对伺服机构的启动和制动都有影响，尤其是高速运转的零件。因此，在满足运动部件强度和刚度的前提下，应尽可能减小运动部件的质量，减小旋转零件的直径和质量，以降低其惯量。

（4）系统要有适度的阻尼。

阻尼一方面可以降低进给伺服系统的快速响应性能，另一方面可以增加系统的稳定性。在刚度不足时，运动部件之间的运动阻尼对降低工作台爬行，提高系统的稳定性具有重要作用。

3）进给传动装置

（1）X 轴进给传动装置。

图 1-13 所示为 MJ-50 数控车床 X 轴进给传动装置结构简图。如图 1-13（a）所示，AC 伺服电机 15 经过同步带轮 14 和 10，以及同步带 12 带动滚珠丝杠 6 回转，并通过螺母 7 带动刀架 21 沿滑板 1 的导轨移动，实现 X 轴的进给运动［见图 1-13（b）］。脉冲编码器 16 安装在伺服电机的尾部。件 5 和件 8 是缓冲块，在出现意外碰撞时起保护作用。

轴承座 4 用螺钉 20 固定在滑板上。滑板导轨为矩形导轨，镶条 17、18、19 用来调整刀架与滑板导轨的间隙。

件 22 为导轨护板,件 26 和件 27 为机床参考点的限位开关和撞块,镶条 23、24、25 用于调整滑板与床身导轨的间隙。

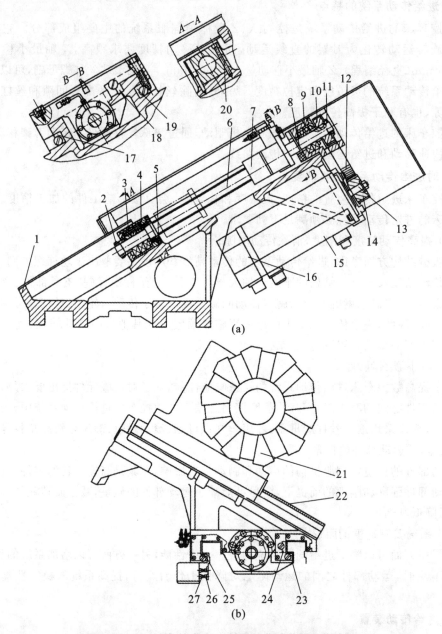

图 1-13 MJ-50 数控车床 X 轴进给传动装置结构简图

1—滑板;2、7、11—螺母;3—前支承;4—轴承座;5、8—缓冲块;6—滚珠丝杠;9—后支承;10、14—同步带轮;
12—同步带;13—键;15—AC 伺服电机;16—脉冲编码器;17、18、19、23、24、25—镶条;
20—螺钉;21—刀架;22—导轨护板;26、27—限位开关和撞块

因为顶面导轨与水平面倾斜 30°,回转刀架的自身重力使其下滑,滚珠丝杠和螺母不能以自锁阻止其下滑,故车床依靠 AC 伺服电机的电磁制动来实现自锁。

（2）Z轴进给传动装置。

MJ-50数控车床Z轴进给传动装置结构简图如图1-14所示。AC伺服电机14经过同步带11带动滚珠丝杠5回转，通过螺母4带动滑板连同刀架沿床身13的矩形导轨移动，实现Z轴的进给运动。电机轴与同步带轮12之间用锥环无键连接〔见图1-14（b）〕，局部放大视图中件19和件20是锥面相互配合的内、外锥环，当拧紧螺钉17时，法兰18的端面压迫外锥环20，使其向外膨胀，内锥环19受力后向电机轴收缩，从而使电机轴与同步带轮连接在一起，这种连接方式不需要在被连接件上开键槽，而且两个锥环的内外圆锥面压紧后，连接配合面无间隙，对中性较好。选用锥环对数的多少，取决于所传递扭矩的大小。

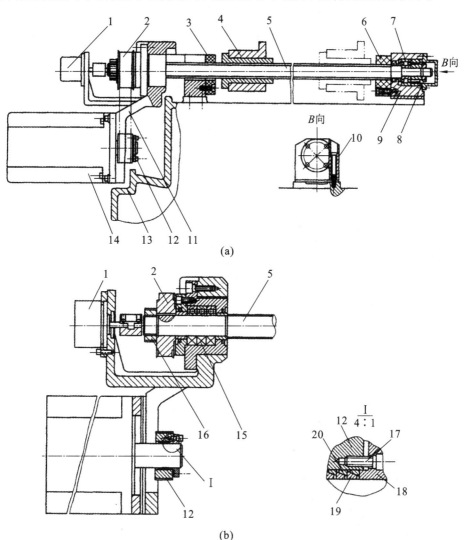

图1-14　MJ-50数控车床Z轴进给传动装置结构简图

1—脉冲编码器；2、12—同步带轮；3、6—缓冲块；4、8、16—螺母；5—滚珠丝杠；7—右支承；9—轴承座；10、17—螺钉；11—同步带；13—床身；14—AC伺服电机；15—角接触球轴承；18—法兰；19—内锥环；20—外锥环

滚珠丝杠的支承形式为左端固定，右端浮动，留有丝杠受热膨胀后轴向伸长的余地。件3和件6为缓冲块，起超程保护作用。B向视图中的螺钉10将滚珠丝杠的右支承轴承座9

固定在床身 13 上。

Z 轴进给传动装置的脉冲编码器 1 与滚珠丝杠 5 相连,直接检测丝杠的回转角度,从而实现系统对 Z 向进给的精度控制。

3. 数控车床自动回转刀架

数控车床自动回转刀架的转位换刀过程如下:接到数控系统的换刀指令后,刀盘松开—刀盘旋转到指令要求的刀位—刀盘夹紧并发出转位结束信号。

1)液压驱动的转塔式刀架

图 1-15 所示为 MJ-50 数控车床回转刀架结构简图。回转刀架的夹紧与松开、刀盘的转位均由液压系统驱动、PLC 顺序控制来实现。件 11 是安装刀具的刀盘,它与轴 6 固定连

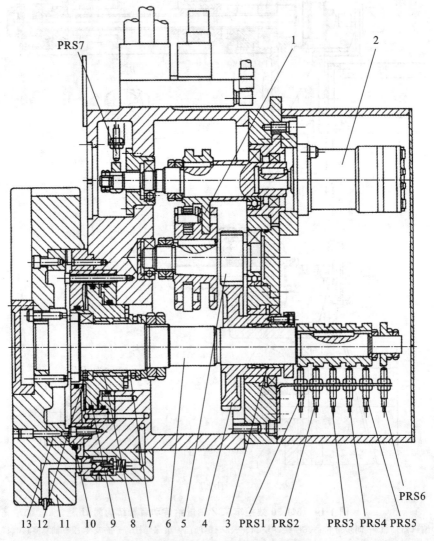

图 1-15 MJ-50 数控车床回转刀架结构简图

1—分度凸轮;2—液压马达;3—衬套;4、5—齿轮;6—轴;7、12—推力球轴承;8—滚针轴承;9—活塞;
10、13—鼠牙盘;11——刀盘

接。当轴6带动刀盘旋转时,其上的鼠牙盘13与固定在刀架上的鼠牙盘10脱开,旋转到指定刀位后,刀盘的定位由鼠牙盘的啮合来完成。

接到换刀指令后,活塞9及轴6在压力油的推动下向左移动,使鼠牙盘13与10脱开,液压马达2启动并带动分度凸轮1转动,经过齿轮5和齿轮4带动刀架主轴及刀盘旋转。刀盘旋转的准确位置,通过开关PRS1、PRS2、PRS3、PRS4通断组合来检测确认。当刀盘旋转到指定的刀位后,接近开关PRS7通电,向数控系统发出信号,指定液压马达停转,这时压力油推动活塞9向右移动,使鼠牙盘10和13啮合,刀盘被定位夹紧。接近开并PRS6确认夹紧并向数控系统发出信号,刀架的转位换刀循环完成。

在机床自动工作状态下,当指定换刀的刀号后,数控系统可以通过内部的运算判断,实现刀盘就近转位换刀,即刀盘可正转,也可反转。当手动操作机床时,从刀盘方向观察,只允许刀盘顺时针转位换刀。

2)电机驱动的转塔式刀架

图1-16所示为电机驱动的转塔式刀架结构简图。定位使用三齿盘结构,定齿盘3用螺钉及定位销固定在刀架体4上。动齿盘2用螺钉及定位销紧固在中心轴套1上(动齿盘左端面可安装转塔刀盘),齿盘2、3对面有一个可轴向移动的齿盘5,齿长为上述两者齿长之和,齿盘5沿轴向左移时,合齿定位、夹紧,沿轴向右移时,脱齿松开。

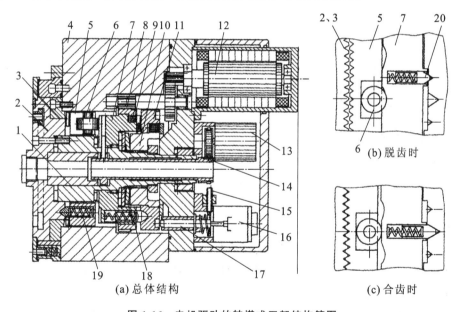

图1-16 电机驱动的转塔式刀架结构简图

1—中心轴套;2、3、5—齿盘;4—刀架体;6—滚子;7—端面凸轮盘;8—齿圈;9—缓冲键;10—驱动套;11—驱动盘;12—交流电机;13—编码器;14—齿形带轮轴;15—无触点开关;16—电磁铁;17—插销;18—碟形弹簧;19、20—定位销

齿盘5的右端面在三个等分位置上装有三个滚子6。此滚子在碟形弹簧18的作用下,始终顶在端面凸轮盘7的工作表面上。当端面凸轮盘回转使滚子落入端面凸轮的凹槽时,齿盘5右移,齿盘松开、脱齿[见图1-16(b)]。当端面凸轮盘反向回转时,端面凸轮盘的凸面使滚子左移,并使齿盘左移,合齿定位[见图1-16(c)],同时通过碟形弹簧将动齿盘向右拉,使齿盘夹紧。

端面凸轮盘还带动与中心轴套用齿形花键相连的驱动套 10 和驱动盘 11,用来使转塔刀盘分度。端面凸轮盘的右端面有凸出部分,能带动驱动盘、驱动套、中心轴回转进行分度。

整个换刀动作,脱齿(松开)、分度、合齿定位(夹紧),用交流电机 12 驱动,经过两次减速传到套在端面凸轮盘外圆的齿圈 8 上。齿圈 8 通过缓冲键 9(减少传动冲击)和端面凸轮盘相连。同样,驱动盘和中心轴上的驱动套 10 之间也有类似的缓冲键。

为了识别刀位,装有一个用齿形带与中心轴套中的齿形带轮轴 14 相连的编码器 13。当数控系统得到换刀指令后,自动判断将要换的刀向哪个方向回转分度的路程最短,然后交流电机转动,脱齿(松开),转塔刀盘按最短路程分度,当编码器检测到分度到位信号后,交流电机停转,电磁铁 16 通电,插销 17 左移,插入驱动盘的孔中,接着交流电机反转,转塔刀盘完成合齿定位、夹紧,交流电机停转,电磁铁断电,插销右移,无触点开关 15 检测插销退出信号。

4. 数控车床润滑系统

数控车床的润滑系统主要是对车床导轨、传动齿轮、滚珠丝杠、主轴箱等进行润滑,其形式有电动间歇润滑泵、定量式集中润滑泵等。其中,电动间歇润滑泵用得较多,其自动润滑时间和每次泵油量,可根据润滑要求进行调整。

5. 数控车床排屑系统

为了使数控车床的自动加工顺利进行,同时减少发热,数控车床应具有合适的排屑装置。在数控车床的切屑中往往混合着切削液,排屑装置应从其中分离出切屑,并将它们送入切屑收集箱内,而切削液则被回收到切削液箱。

常见的排屑装置有以下几种。

1)平板链式排屑装置

该装置以滚动链轮牵引钢质平板链带在封闭箱中运转,切屑被链带带出车床,如图 1-17(a)所示。数控车床在使用这种装置时,要将其与车床冷却箱合为一体,以简化车床结构。

2)刮板式排屑装置

该装置的传动原理与平板链式排屑装置基本相同,只是链板不同,它带有刮板链板,如图 1-17(b)所示。这种装置常用于输送各种材料的短小切屑,排屑能力较强。

3)螺旋式排屑装置

该装置是利用电机经减速器驱动安装在沟槽中的一根螺旋杆进行工作的,如图 1-17(c)所示。螺旋杆工作时,沟槽中的切屑由螺旋杆推动连续向前运动,最终排入切屑收集箱。这种装置占据空间小,适合于安装在车床与立柱间间隙狭小的位置上。这种装置排屑结构简单,性能良好,但只适合沿水平或小角度倾斜的直线方向排屑,不能大角度倾斜、提升和转向排屑。

排屑装置的安装位置一般尽可能靠近刀具切削区域,数控车床的排屑装置一般安装在旋转工件下方,以利于简化车床和排屑装置结构,减小车床占地面积,提高排屑效率。排出的切屑一般落入切屑收集箱或小车内,有的直接排入车间排屑系统。

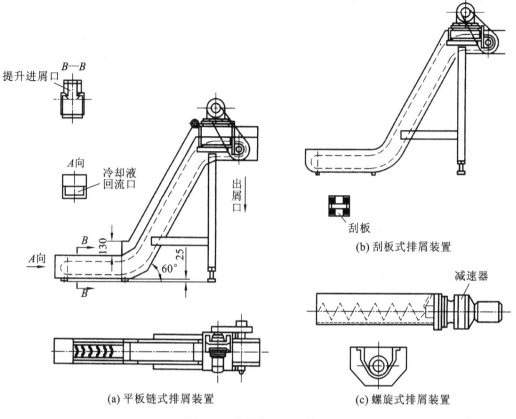

图 1-17　数控车床排屑装置

6. 数控车床尾座

图 1-18 所示为 MJ-50 数控车床尾座结构简图。尾座体由滑板带动移动,尾座体移动后,由手动控制的液压缸将其锁紧在床身上。

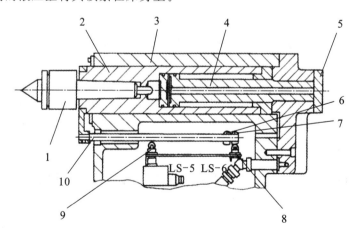

图 1-18　MJ-50 数控车床尾座结构简图

1—顶尖;2—尾座套筒;3—尾座体;4—活塞杆;5—后盖;6、7—挡块;8、9—开关;10—行程杆

在调整车床时,可以手动控制尾座套筒移动。顶尖 1 与尾座套筒 2 用锥孔连接,尾座套筒带动顶尖一起移动。在车床自动工作循环中,可通过加工程序由数控系统控制尾座套筒的移动。当数控系统发出尾座套筒伸出的指令后,液压电磁阀动作,压力油通过活塞杆 4 的内孔进入套筒液压缸的左腔,推动尾座套筒伸出。当数控系统发出退回指令后,压力油进入套筒液压缸的右腔,使尾座套筒退回。

尾座套筒移动的行程,靠调整套筒外部连接的行程杆 10 上面的移动挡块 6 来调节。图 1-18 中移动挡块在右端极限位置,此时,尾座套筒的行程最长。

当尾座套筒伸出到位时,行程杆上的移动挡块 6 压下确认开关 9,向数控系统发出尾座套筒到位信号。当尾座套筒退回时,行程杆上的固定挡块 7 压下确认开关 8,向数控系统发出尾座套筒退回的确认信号。

1.2.2 数控装置的功能

数控装置能控制的轴数和能同时控制(即联动)的轴数是其主要性能之一。一般,控制的轴数越多,特别是同时控制的轴数越多,数控装置的功能越强,同时,数控装置越复杂,编程也越困难。

数控装置可以通过硬件和软件的结合,实现多种功能,主要包括以下几种功能。

1. 准备功能

准备功能也称为 G 功能,用来指令机床的动作方式,包括基本移动、程序暂停、平面选择、坐标设定、刀具补偿、基准点返回、固定循环等。

2. 插补功能

数控装置一般通过软件进行插补计算。一般的数控装置都有直线插补和圆弧插补功能,高档的数控装置还具有抛物线插补、螺旋线插补、极坐标插补、正弦插补等功能。

3. 主轴功能

数控装置可以控制主轴的运动,也可以实现主轴的速度控制和准确定位。

4. 进给功能

进给功能用 F 代码直接指令各轴的进给速度。同时,可以通过主轴上的位置编码器(一般为脉冲编码器)实现同步进给。

5. 补偿功能

刀具补偿包括刀具长度补偿、刀具半径补偿和刀尖圆弧补偿,其他补偿包括坐标轴反向间隙补偿、进给传动件传动误差补偿等。

6. 辅助功能

常用的辅助功能有程序结束、主轴正/反转、冷却液接通和断开、换刀等。辅助功能是通过 PLC 或 I/O 接口实现的。

7．字符图形显示功能

数控装置可配置不同尺寸的单色或彩色 CRT 显示器,通过软件和接口实现字符图形显示,可以显示程序、机床参数、补偿量、坐标位置、故障信息、零件图形、动态刀具模拟轨迹等。

8．程序编辑功能

数控装置可以实现加工程序的编辑功能。

9．输入、输出和通信功能

一般,数控装置可以接多种输入、输出设备,实现程序和参数的输入、输出和存储。数控装置还具有 RS-232C 等接口,可以实现通信功能。

10．自诊断功能

数控装置中设置了各种诊断程序,可以防止故障发生或扩大。在故障出现后,可迅速查明故障类型及部位,减少故障停机时间。

1.2.3　数控机床驱动电机

1．步进电机

步进电机是最早广泛应用于数控机床的一种电机,虽然现在在数控机床上已很少使用步进电机,但是由于其具备良好的经济性,所以在定位控制精度要求不高的场合,仍然会采用步进电机。

1）步进电机的结构

三相步进电机的结构如图 1-19 所示。

和普通电机一样,三相步进电机也包括定子、转子、励磁绕组等。

定子是指电机外壳和励磁磁极,是不能转动的部分。

转子是指旋转的部分,由它驱动机械负载产生运动。

励磁绕组绕在定子上,由符合要求的电流信号进行励磁,产生励磁磁场,从而驱动转子旋转。

除了三相电机外,还有四相电机、五相电机等。

2）步进电机的工作原理

A 相通电时,产生一个从上向下的磁场,在磁场的作用下,离磁场最近的齿 1、3 被吸引到 A 磁极,如图

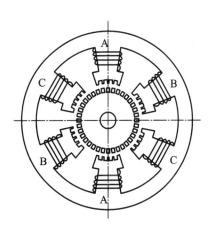

图 1-19　三相步进电机的结构

1-20(a)所示。B 相通电时,产生一个以 B 磁极为轴心的磁场,这时齿 2、4 离磁场最近,被吸引到 B 磁极,如图 1-20(b)所示。C 相通电时,齿 1、3 又被吸引到 C 磁极,如图 1-20(c)所

(a) A相通电　　　　　　　(b) B相通电　　　　　　　(c) C相通电

图 1-20　步进电机的工作原理图

示。A 相再通电时,齿 2、4 被吸引到 A 磁极……如此循环往复,电机在磁极的顺序轮流励磁下,使转子连续旋转。

从上面可以看出,转子是单步式旋转的,所以我们称这种电机为步进电机。

3) 步进电机的励磁方式

步进电机的励磁方式有整步、半步、细分步三种。下面以三相步进电机为例进行介绍。

(1) 整步励磁方式。

励磁顺序:A—B—C—A……。

切换磁场时,每次切换一个极距,因此称为整步励磁方式。这种励磁方式转子每次的转动角度是最大的。整步励磁方式波形图如图 1-21 所示。

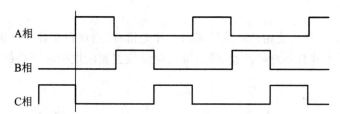

图 1-21　整步励磁方式波形图

对三相步进电机来讲,这种励磁方式需要三拍完成一个循环,所以又称为三相三拍方式。

(2) 半步励磁方式。

励磁顺序:A—AB—B—BC—C—CA—A……。

切换磁场时,每次切换半个极距,因此称为半步励磁方式。这种励磁方式转子每次的转动角度是整步励磁方式的一半,因此精度比整步励磁方式高,但是速度降低了。半步励磁方式波形图如图 1-22 所示。

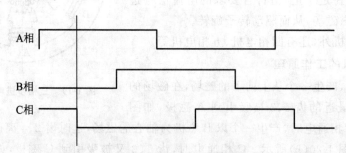

图 1-22　半步励磁方式波形图

对三相步进电机来讲,这种励磁方式需要六拍完成一个循环,所以又称为三相六拍方式。

（3）细分步励磁方式。

这种励磁方式在切换磁场时,电流不是一次性加入或切除的,而是前一磁极的电流逐步减小,后一磁极的电流逐步增大。当前一磁极的电流减到零时,后一磁极的电流加到最大。从合成的磁场来看,磁轴将从前一磁极缓缓移动到后一磁极。这样磁场切换的过程可以分成多步来完成,即细分步励磁。

4）步进电机的步距角

步进电机的步距角是指电机转子每次励磁产生的机械转角,步距角为

$$\alpha = \frac{360°}{mZK}$$

m：电机相数。

Z：转子齿数。

K：细分步数,整步 $K=1$,半步 $K=2$。

5）步进电机的控制方法

通过上面对步进电机工作原理和励磁方式的分析,我们可以发现步进电机的控制可以按下述方法进行。

（1）速度控制：通过改变励磁频率来实现。

（2）方向控制：通过改变励磁顺序来实现。

（3）位移量控制：由于步进电机的步距角是固定的,因此,位移量可以简单地折算成励磁脉冲个数,这样就可以通过控制励磁脉冲个数来控制工作台做特定的位移运动。

2. 直流伺服电机

直流伺服电机实际上是一种特殊的直流电机。它是数控机床的第二代驱动电机,现在还有许多数控机床都采用这种电机。

1）直流伺服电机的工作原理及结构

图 1-23 所示为直流伺服电机的工作原理图。直流伺服电机的定子磁极一般采用天然磁铁。如图 1-23 所示,N、S 构成一对磁极,形成由上到下的恒定磁场。如果在转子表面沿轴向粘上多层独立分匝的绕组（图中只画出了其中一匝）,并通以图示方向的电流,则根据左手定则,绕组将受到逆时针方向的旋转力,从而使转子逆时针旋转。

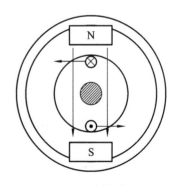

图 1-23　直流伺服电机的工作原理图

从图 1-23 中,我们还可以看到,在直流伺服电机中,每匝绕组中的电流要每 180 度换向一次,即上半周和下半周电流方向相反。直流伺服电机的转子电流由电刷提供,换向则由和电机轴同轴安装的换向器完成。为了改善换向性能,避免换向时电流断续产生火花,直流伺服电机内一般设置了换向磁极。因此,普通的直流伺服电机除外壳外,还包括定子磁极、换向磁极、转子、电刷、换向器等。

2）直流伺服电机的分类和特点

（1）小惯量直流伺服电机。

为了减小转动惯量，这种电机的转子做得细长。这种电机具有以下特点。

① 转动惯量小，约为普通电机的 1/10。

② 反应快，有良好的换向性能。

③ 速度均匀性好，尤其是低速时，更具有优势。

④ 扭矩大，最大扭矩约为额定值的 10 倍。

（2）直流印刷电机。

这种电机的转子由多层同轴的玻璃胶布板圆盘形转子构成，每层圆盘都印刷有铜箔绕组。这种电机具有以下特点。

① 结构简单，成本低。

② 电机绕组全部和空气接触，散热好，因此过载能力强。

③ 具有较好的换向性能和调速性能。

（3）空心杯转子直流伺服电机。

这种电机的转子做成空心杯，有效地减小了转动惯量，提高了可控制性。

（4）宽调速直流伺服电机。

这种电机保留了较大的转动惯量，靠增大扭矩来提高响应速度。

3）直流伺服电机的调速和换向

直流伺服电机的调速一般通过调节电枢电压来实现，只要改变电枢电压，转速就可以得到调节。

直流伺服电机旋转方向的变化是通过改变电枢电压的极性来实现的，只要改变电枢电压的极性，就可以改变电机的旋转方向。

3. 交流伺服电机

交流伺服电机是近年来广泛采用的一种伺服电机。事实上，这种电机的控制远比直流伺服电机复杂，但由于其维护简单，控制电路稳定，所以得到了普遍的应用。

1）交流伺服电机的工作原理和结构特点

交流伺服电机按相数分为单相交流伺服电机和三相交流伺服电机两种。单相交流伺服电机使用单相电源，三相交流伺服电机使用三相电源。

从原理上来说，两种电机都是使用符合特定要求的电源对定子绕组进行励磁，产生励磁磁场，从而驱动转子旋转。

（1）单相交流伺服电机的工作原理。

单相交流伺服电机的定子有两对磁极，相应的绕组分别叫作励磁绕组和控制绕组。两个绕组的布置在空间上相差 90°，即垂直，如图 1-24 所示。

加在两个绕组上的励磁电压在相位上相差 90°，即

励磁绕组：$u_1 = U_{m1} \sin\omega t$

控制绕组：$u_2 = U_{m2} \cos\omega t$

从图 1-25 可以发现，定子磁场是旋转的，这个旋转的磁场带动转子旋转，从而使电机工作。

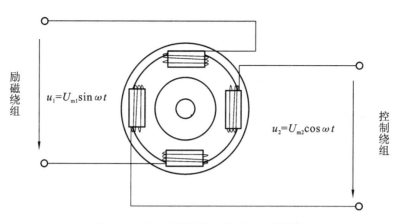

图 1-24　单相交流伺服电机的工作原理图

（2）三相交流伺服电机的工作原理。

三相交流伺服电机有三对磁极，在空间上各相差 120°，励磁电压的相位也相差 120°，同样可以产生励磁磁场。

由于三相交流伺服电机的原理比较复杂，这里不进行详细介绍。

（3）交流伺服电机的结构特点。

一般，交流伺服电机采用鼠笼转子，与普通异步电机类似。在要求转动惯量小的场合，可以采用空心杯转子，杯壁厚度小于 0.5 毫米。为了提高磁耦合效果，在杯中加入了内定子。

2）交流伺服电机的调速和换向

（1）单相交流伺服电机的调速和换向。

对单相交流伺服电机来讲，通过调节励磁电压的幅值或两个电压的相位差来实现调速。前者称为幅值控制，后者称为相位控制。

换向可通过改变两个电压的相位超前关系来实现。

（2）三相交流伺服电机的调速和换向。

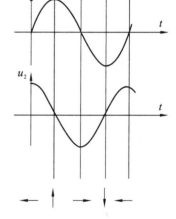

图 1-25　单相交流伺服电机波形图

这种电机的控制方法有矢量变换控制、PWM 控制等。这种电机的控制比单相交流伺服电机复杂得多，这里不进行详细介绍。

1.3　数控设备的编码方法

1.3.1　进制

进制是数量计算的一种进位法则。常用的进制有以下几种。

(1) 二进制:逢二进一的计数进位方法。

(2) 八进制:逢八进一的计数进位方法。

(3) 十进制:逢十进一的计数进位方法。

(4) 十六进制:逢十六进一的计数进位方法。

1.3.2 常用代码

在计算机中,经常用到的代码有以下几种。

1. 二进制代码

计数符号为 0、1,如 11011001、10100001 等。

2. 八进制代码

计数符号为 0、1、2、3、4、5、6、7,如 7523、6432 等。

3. 十进制代码

计数符号为 0、1、2、3、4、5、6、7、8、9,如 8923、7621 等。

4. 十六进制代码

计数符号为 0、1、2、3、4、5、6、7、8、9、A、B、C、D、E、F,如 1A3D、1FC4 等。

5. BCD 代码

计数符号是使用四位二进制代码来表示一位十进制数,即

| 0000:0 | 0001:1 | 0010:2 | 0011:3 | 0100:4 |
| 0101:5 | 0110:6 | 0111:7 | 1000:8 | 1001:9 |

例如,00111000 表示 38。

1.3.3 代码到十进制的转换

前面介绍的任何代码都可以折算成十进制数,下面介绍折算方法。

1. 二进制代码到十进制的转换

转换结果=位 0×2^0+位 1×2^1+位 2×2^2+位 3×2^3+…

2. 八进制代码到十进制的转换

转换结果=位 0×8^0+位 1×8^1+位 2×8^2+位 3×8^3+…

3. 十六进制代码到十进制的转换

转换结果=位 0×16^0+位 1×16^1+位 2×16^2+位 3×16^3+…

4. BCD 代码到十进制的转换

可以根据代码定义直接读出结果。

习　题

1. 什么是数字控制？

2. 世界上第一台数控机床是哪一年研制成功的？

3. 什么是计算机数字控制机床？

4. 与普通机床相比，数控机床有哪些特点？

5. 数控机床由哪几个部分组成？

6. 简述数控车床的工作原理。

7. 数控车床的布局形式有哪几种？

8. 从结构上来看，数控车床由哪几个部分组成？

9. 数控车床对进给传动系统有哪些要求？

10. 简述数控车床的自动换刀过程。

11. 数控车床常见的排屑装置有哪几种？

12. 步进电机的励磁方式有哪几种？

13. 简述步进电机整步励磁方式的励磁顺序。

14. 二进制中的 00111000 代表十进制中的多少？

第2章 数控车削加工工艺

数控加工工艺是采用数控机床加工零件时所运用的各种方法和技术手段的总和。本章主要介绍数控车削典型零件的加工工艺过程。

2.1 数控车削零件和常用夹具

2.1.1 数控车削零件

1. 适合数控车削的内容

(1)普通车床无法加工的内容应作为优先选择的内容。

(2)普通车床难加工,质量也难以保证的内容应作为重点选择的内容。

(3)普通车床加工效率低、工人手工操作劳动强度大的内容,可在数控车床存在富余加工能力时选择。

2. 不适合数控车削的内容

(1)占机调整时间长。

(2)加工部位分散,需要多次安装、设置原点。这时,采用数控加工很麻烦,效果不明显,可安排普通车床补加工。

(3)按某些特定的制造依据(如样板等)加工型面轮廓。主要原因是获取数据困难,容易与检验依据发生矛盾,增加了程序编制的难度。

此外,在选择和决定加工内容时,还要考虑生产批量、生产周期等,要尽量做到合理,达到多、快、好、省的目的,要防止把数控车床作为普通车床使用。

2.1.2 数控车床常用夹具

1. 卡盘

三爪自定心卡盘如图 2-1 所示。三爪自定心卡盘安装在车床主轴或铣床回转工作台上,用来装夹轴类和套类工件。卡爪分为正爪和反爪,适用于装夹不同直径的轴类或套类工件。三爪自定心卡盘可自动定心,装夹方便,但它夹紧力较小,不便于夹持外形不规则的工件。

四爪单动卡盘如图 2-2 所示,四个爪都可单独移动,安装工件时需找正,夹紧力大,适用于装夹毛坯及截面形状不规则的较重、较大的工件。

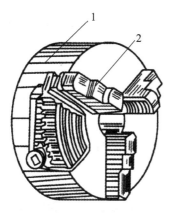

图 2-1　三爪自定心卡盘

1—卡盘体;2—卡爪

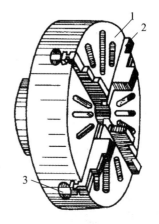

图 2-2　四爪单动卡盘

1—卡盘体;2—卡爪;3—螺杆

2. 顶尖

顶尖是车削加工中必不可少的夹具附件,用于精确重复定位或有同轴度公差要求的工件的车削。顶尖作为定位基准,定心正确、可靠,安装方便,可提高装夹刚度,减少加工过程中的振动。顶尖主要有两种:普通顶尖和拨动顶尖。

1) 普通顶尖

普通顶尖有回转式顶尖(活顶尖)和固定式顶尖(死顶尖)两种。

回转式顶尖装有轴承,定位精度略差,但是旋转时不容易发热。活顶尖将顶尖与工件中心孔之间的滑动摩擦改成顶尖内部轴承的滚动摩擦,能在很高的转速下正常工作,但是活顶尖存在一定的装配累积误差。当滚动轴承磨损后,会使顶尖产生径向摆动,从而降低加工精度,故回转式顶尖一般用于轴的粗车或半精车。

固定式顶尖是一个整体,定位精度高,顶尖部分由于旋转摩擦生热,容易将中心孔或顶尖"烧坏"。因此,尾架上如果是死顶尖,工件的右端中心孔应涂上黄油,以减小摩擦。死顶尖适用于低速加工精度要求较高的工件。

在车床上加工细长轴时,必须使用顶尖来帮助支承、定心和减少振动。另外,在加工过程中,为了保证被加工工件的同轴度,会在车床主轴卡盘上或尾座上加顶尖,如图 2-3 所示。顶尖的大小一般按莫氏(Morse)锥孔的大小来分,如莫氏 3 号、莫氏 4 号、莫氏 5 号,号数大,顶尖小。常见的顶尖如图 2-4 所示。

2) 拨动顶尖

车削加工中常用的拨动顶尖有内拨动

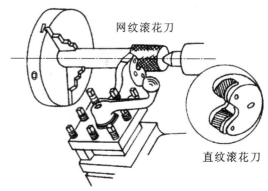

网纹滚花刀

直纹滚花刀

图 2-3　车滚花时用右顶尖定位

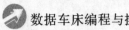

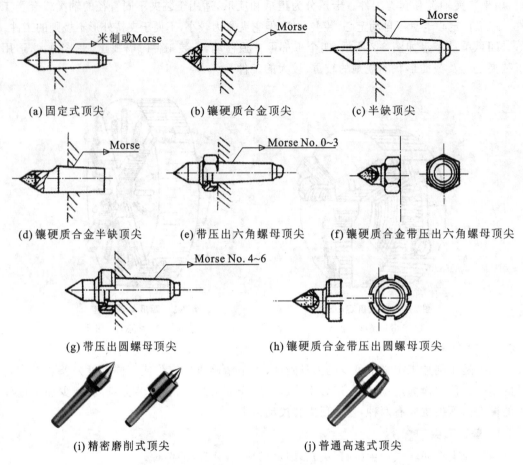

(a) 固定式顶尖　　　　(b) 镶硬质合金顶尖　　　　(c) 半缺顶尖

(d) 镶硬质合金半缺顶尖　　(e) 带压出六角螺母顶尖　　(f) 镶硬质合金带压出六角螺母顶尖

(g) 带压出圆螺母顶尖　　　　(h) 镶硬质合金带压出圆螺母顶尖

(i) 精密磨削式顶尖　　　　　(j) 普通高速式顶尖

图 2-4　常见的顶尖

顶尖、外拨动顶尖和端面拨动顶尖三种。

　　内拨动顶尖和外拨动顶尖的锥面带齿,能嵌入工件,拨动工件旋转,如图 2-5 所示。

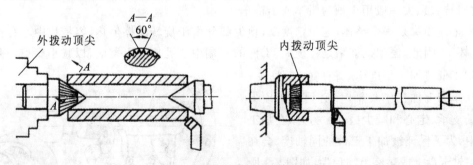

图 2-5　内拨动顶尖和外拨动顶尖

　　端面拨动顶尖如图 2-6 所示。端面拨爪带动工件旋转,适合装夹的工件直径为 50～150 mm。

3. 中心架和跟刀架

　　车削细长轴(长径比 $L/D > 25$)时,为了防止工件受径向切削力的作用而产生弯曲变形,常用中心架或跟刀架作为辅助支承,以增加工件的刚性。

1)中心架

中心架一般固定在床身导轨上使用,有三个可调节的支承爪,并且可用紧固螺钉固定。使用时,先将工件安装在前、后顶尖上,然后在工件支承部位精车一段光滑的表面,再将中心架紧固于导轨的适当位置,最后调整三个支承爪,使之与工件支承面接触,并调整至松紧适宜。

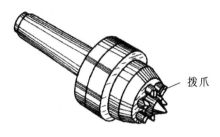

图 2-6　端面拨动顶尖

中心架的应用有以下两种情况。

(1)加工细长阶梯轴的各外圆。一般将中心架支承在轴的中间部位,先车右端各外圆,掉头后再车另一端的外圆。图 2-7 所示为中心架装夹工件车外圆。

(2)加工长轴或长筒的端面,以及端部的孔和螺纹。可用卡盘夹持工件左端,用中心架支承右端。图 2-8 所示为中心架装夹工件车端面。

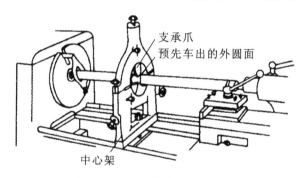

图 2-7　中心架装夹工件车外圆

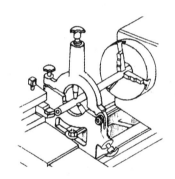

图 2-8　中心架装夹工件车端面

2)跟刀架

跟刀架有两个或三个支承爪,紧跟在车刀后面起辅助支承作用。跟刀架主要用于不允许接刀的细长轴的加工,如丝杠、光杠等。图 2-9 所示为跟刀架装夹工件车外圆。图 2-10 所示为跟刀架装夹车削细长轴。使用跟刀架时,需要先在工件右端车削一段外圆,根据外圆调整支承爪的位置和松紧,压力要适当,否则会产生振动。

使用中心架和跟刀架时,工件转速不宜过高,并且需要对支承爪加注机油滑润。

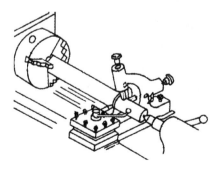

图 2-9　跟刀架装夹工件车外圆

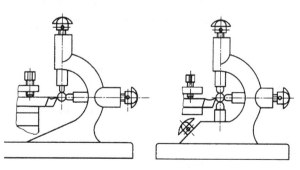

图 2-10　跟刀架装夹车削细长轴(左:两爪;右:三爪)

4．在确定定位和装夹方案时应注意的问题

（1）尽可能做到设计基准、工艺基准与编程计算基准统一。

（2）尽量将工序集中，减少装夹次数，尽可能在一次装夹后能加工出全部待加工表面。

（3）避免采用占机调整时间长的装夹方案。

（4）夹紧力的作用点应落在工件刚性较好的部位。

2.2　数控车床加工工艺分析方法

2.2.1　零件图的工艺性分析方法

1．工艺分析的主要内容

（1）尺寸标注应符合数控加工的特点。

（2）几何要素的条件应完整、准确。

（3）定位基准可靠。

（4）统一几何类型及尺寸。

2．加工顺序安排应遵循的原则

（1）上一道工序的加工不能影响下一道工序的定位与夹紧，中间穿插有通用机床加工工序的也应综合考虑。

（2）先进行内腔加工，后进行外形加工。

（3）以相同定位、夹紧方式加工或用同一把刀具加工的工序，最好连续加工，以减少重复定位次数和换刀次数。

2.2.2　加工方法的选择

1．加工方法选择的原则

加工方法选择的原则是保证加工表面的加工精度和表面粗糙度的要求。获得同一级精度及表面粗糙度的加工方法一般有许多种，在实际选择时，要结合零件的形状、尺寸和热处理要求等全面考虑。例如，对于 IT7 级精度的孔，采用镗削、铰削、磨削等加工方法均可达到精度要求，但是箱体上的孔一般采用镗削或铰削，而不宜采用磨削，一般小尺寸的箱体孔选择铰孔，当孔径较大时，则应选择镗孔。此外，还应考虑生产效率和经济性的要求，以及工厂的生产设备等实际情况。常用加工方法的经济加工精度及表面粗糙度可查阅有关工艺手册。

2．加工方案确定的原则

零件上比较精密的表面的加工，常常是通过粗加工、半精加工和精加工逐步达到的。对这些表面,仅仅根据质量要求选择相应的最终加工方法是不够的,还应正确地确定从毛坯到最终成形的加工方案。

确定加工方案时,首先应根据主要表面的精度和表面粗糙度的要求,初步确定为达到这些要求所需要采用的加工方法。例如,对于孔径不大的 IT7 级精度的孔,最终加工方法取精铰孔时,精铰孔前通常要经过钻孔、扩孔和粗铰孔等工序。

2.2.3　工序的划分

数控加工的工序一般可按下列方法划分。

（1）以一次安装、加工作为一道工序。

（2）以粗、精加工划分工序。

（3）以加工部位划分工序。

（4）以同一把刀具加工的内容划分工序。

2.2.4　确定走刀路线

走刀路线就是刀具在整个加工过程中的运动轨迹,它不但包括工步的内容,也反映出工步顺序。走刀路线是编写程序的依据之一。确定走刀路线时应注意以下几点。

（1）寻求最短加工路线。

（2）最终轮廓一次走刀完成。为了保证工件轮廓表面加工后的粗糙度要求,最终轮廓应安排在最后一次走刀中连续加工出来。

（3）选择切入、切出方向。考虑刀具的切入、切出路线时,刀具的切出点或切入点应在沿零件轮廓的切线上,以保证工件轮廓光滑;应避免在工件轮廓表面上垂直上、下刀,以免划伤工件表面;尽量减少在轮廓加工过程中的暂停,以免留下刀痕。

（4）选择使工件在加工后变形小的走刀路线。对横截面积小的细长零件或薄板零件,应采用分几次走刀加工到最后尺寸的方法或对称去除余量法安排走刀路线。安排工步时,应先安排对工件刚性破坏较小的工步。

2.2.5　切削用量的选择

切削用量包括主轴转速（切削速度）、背吃刀量、进给量。对于不同的加工方法,需要选择不同的切削用量。

选择切削用量的原则是,粗加工时,一般以提高生产效率为主,但也应考虑经济性和加工成本;半精加工和精加工时,应在保证加工质量的前提下,兼顾切削效率、经济性和加工成本。具体数值应根据机床说明书、切削用量手册,并结合经验确定。

切削速度 v_c、进给量 f 和背吃刀量 a_p 是切削用量三要素,如图 2-11 所示。

1. 切削速度

在切削运动中,切削速度是刀具切削刃上选定点相对于工件的主运动的瞬时速度（线速

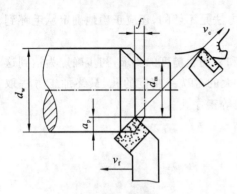

图 2-11 切削用量三要素

度),用符号 v_c 表示。

车削外圆或用旋转刀具切削加工时的切削速度的计算公式为

$$v_c = \frac{dn\pi}{1000} \qquad (2\text{-}1)$$

式中:v_c——切削速度(m/min);

　　　 d——工件或刀具直径(mm);

　　　 n——工件或刀具转速(r/min)。

显然,当转速 n 一定时,选定点不同,切削速度不同。在实际生产中,考虑刀具的磨损和切削功率等因素,确定切削速度时,以刀具或工件切削时的最大直径作为计算依据。

2．进给量

切削运动中表示机床进给运动的物理量是进给量,进给量是刀具在进给运动方向上相对于工件的位移量,用刀具或工件每转(主运动为旋转运动时)或每行程(主运动为直线运动时)的位移量来表达,符号是 f,单位为 mm/r 或 mm/行程。

进给运动也可用进给速度表示,进给速度是刀具切削刃上选定点相对于工件的进给运动的瞬时速度,用符号 v_f 表示。

对于多齿刀具(如铣刀等),每转或每行程中每齿相对于工件在进给运动方向上的位移量称为每齿进给量,用 f_z 表示。显然

$$f_z = \frac{f}{z} \qquad (2\text{-}2)$$

式中:f_z——每齿进给量(mm/z);

　　　 f——进给量(mm/r);

　　　 z——刀齿数。

进给速度 v_f 与进给量 f 之间的关系为

$$v_f = nf = nf_z z \qquad (2\text{-}3)$$

式中:v_f——进给速度(mm/min);

　　　 f——进给量(mm/r);

　　　 f_z——每齿进给量(mm/z);

　　　 z——刀齿数。

3．背吃刀量

通常切削加工的主运动只有一个,而进给运动可能有一个或几个。车削加工中刀具的横向进给(也称为吃刀)和铣削加工中刀具的横向进给是间歇的进给运动,是由机床的吃刀机构提供的,也称为吃刀运动。

车削加工中的吃刀深度称为背吃刀量,用符号 a_p 表示,背吃刀量是在与主运动和进给运动相垂直的方向上测量的已加工表面与待加工表面之间的距离,单位为 mm。根据定义,车削外圆时,背吃刀量 a_p 等于工件上已加工表面与待加工表面之间的垂直距离,即

$$a_p = \frac{d_w - d_m}{2} \tag{2-4}$$

式中：d_w——工件待加工表面的直径（mm）；

　　　d_m——工件已加工表面的直径（mm）。

2.3　数控车床常用刀具及刀具的装夹

2.3.1　数控车床常用刀具

车削外圆时，通常采用仿形车刀、端面车刀、外圆车刀、外圆端面车刀。

车削内圆时，通常采用仿形车刀、端面车刀、内圆车刀、内圆端面车刀。

切断、切槽时，通常采用切槽刀、切断刀。

车削螺纹时，通常采用内螺纹车刀、外螺纹车刀。

数控车床刀具分为整体式、焊接式、机夹刀片三种。目前，普通车削加工中使用机夹刀片的比较多，常用的刀片形状及刀具的主偏角如图 2-12 所示。

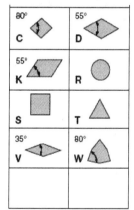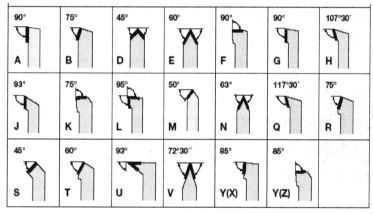

图 2-12　常用的刀片形状及刀具的主偏角

车刀各部分的名称如图 2-13 所示。

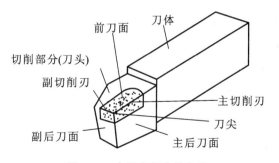

图 2-13　车刀各部分的名称

2.3.2　数控车床常用刀具的材料及刀具的选择

1. 数控车床常用刀具的材料

1）高速钢

高速钢通常是型坯材料，韧性比硬质合金好，硬度、耐磨性比硬质合金差。高速钢刀具不适于切削硬度较高的材料，也不适于进行高速切削。高速钢刀具在使用前，通常需要生产者自行刃磨。

2）硬质合金

硬质合金刀具切削性能好，在数控车削中被广泛使用。硬质合金刀具有标准规格系列产品，具体技术参数和切削性能由刀具生产厂家提供。硬质合金刀具按国际标准把所有牌号分成用颜色标志的三大类，分别用 P、M、K 表示。

(1) P 类，蓝色（包括 P01～P50），系高合金化的硬质合金牌号。其成分为 5%～40% TiC+Ta(Nb)C，其余为 WC+Co。这类合金主要用于加工长切屑的黑色金属。

(2) M 类，黄色（包括 M10～M40），系中合金化的硬质合金牌号。其成分为 5%～10% TiC+Ta(Nb)C，其余为 WC+Co。这类合金为通用型，适于加工长切屑或短切屑的黑色金属及有色金属。

(3) K 类，红色（包括 K10～K40），系单纯 WC 的硬质合金牌号。其成分为 90%～98% WC+2%～10%Co，个别牌号含约 2% 的 Ta(Nb)C。这类合金主要用于加工短切屑的黑色金属、有色金属及非金属材料。

每一种中的各个牌号分别以一个 01～50 之间的数字表示从最高硬度到最大韧性之间的一系列合金。根据使用需要，在两个相邻的分类代号之间，可插入一个中间代号，如在 P10 和 P20 之间插入 P15、在 K20 和 K30 之间插入 K25，但是不能多于一个。在特殊情况下，P01 分类代号可再细分，即在其后再加一个数字，并用小数点隔开，如 P01.1、P01.2 等，以便进一步区分耐磨性与韧性。

3）陶瓷

陶瓷刀具的室温硬度（91～95 HRA）与硬质合金刀具的室温硬度基本上在同一范畴内。陶瓷刀具的抗弯强度是硬质合金刀具的三分之一左右。

陶瓷刀具主要具有以下优点。

(1) 硬度和抗弯强度能保持到比硬质合金更高的温度（800 ℃ 时硬度为 87 HRA，1200 ℃ 时硬度为 80 HRA）。

(2) 不与钢发生反应，不与金属产生黏结。

(3) 与金属的亲和力小，摩擦系数低，可以降低切削温度。

4）超硬材料

随着现代机械制造与加工工业的迅猛发展，自动机床、数控加工中心、无人加工车间广泛应用，为了进一步提高加工精度，减少换刀时间，提高加工效率，迫切需要一种耐用度更高、性能更稳定的刀具。在这种情况下，超硬刀具迅速发展。

目前，一般将聚晶立方氮化硼（PCBN）和聚晶金刚石（PCD）统称为超硬材料。

1954 年美国通用电气公司采用高温高压的方法成功地合成了人造金刚石,1954 年该公司采用与金刚石制造方法相似的技术合成了第二种超硬材料——立方氮化硼(CBN),超硬材料系列随之形成。1977 年美国通用电气公司又成功制成了聚晶金刚石和聚晶立方氮化硼。我国从 1961 年开始设计制造超高压高温装置,1963 年合成第一颗人造金刚石。

金刚石目前主要用于磨具及磨料,用作刀具时多用于在高速下对有色金属及非金属材料进行精细车削及镗孔。

2. 数控车床刀具的选择

1) 外圆车刀主偏角的选择

95°主偏角车刀[见图 2-14(a)]主要用于外圆及端面的半精加工及精加工,其刀片为菱形,通用性好。

45°主偏角车刀[见图 2-14(b)]主要用于外圆及端面的粗车,其刀片为四方形,可以转位八次,经济性好。

75°主偏角车刀[见图 2-14(c)]只能用于外圆的粗车,其刀片为四方形,可以转位八次,经济性好。

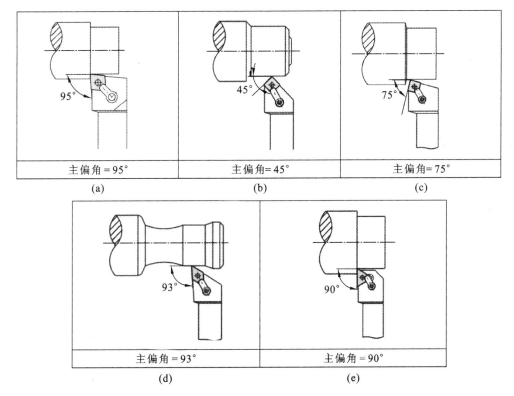

图 2-14　外圆车刀主偏角示意图

93°主偏角车刀[见图 2-14(d)]的刀尖角为 55°,刀尖强度相对较弱,所以该车刀主要用于仿形精加工。

90°主偏角车刀[见图 2-14(e)]只能用于外圆的粗车和精车,其刀片为三角形,切削刃较长,刀片可以转位六次,经济性好。

2）外圆车刀刀片的选择

外圆车刀刀片的形状及应用如表 2-1 所示。

表 2-1　外圆车刀刀片的形状及应用

工　序	80°〈C〉	55°〈D〉	〈R〉	90°〈S〉	60°〈T〉	80°〈W〉	35°〈V〉	55°
纵向车削/端面车削	✦✦	✦	✦	✦	✦			✦
仿形切削		✦✦	✦		✦		✦	
端面车削	✦	✦	✦	✦✦		✦		✦
插入车削			✦✦		✦			

注：✦✦ =推荐刀片的形状，✦ =补充刀片的形状。

3）内孔车刀刀片的选择

内孔车刀刀片的形状及应用如表 2-2 所示。

表 2-2　内孔车刀刀片的形状及应用

工　序	80°〈C〉	55°〈D〉	〈R〉	90°〈S〉	60°〈T〉	80°〈W〉	35°〈V〉
	✦	✦	✦	✦	✦✦	✦	
		✦✦			✦		✦
	✦✦	✦	✦		✦	✦	

注：✦✦ =推荐刀片的形状，✦ =补充刀片的形状。

4）内孔车刀刀杆的选择原则

（1）选择尽可能大的直径。

（2）选择尽可能小的镗杆悬伸。

（3）选择刚性尽可能大的夹紧，以减少振动的危险。

（4）冷却液（或压缩空气）可提高排屑能力和表面质量，特别是在深孔加工中。

内孔车刀刀杆如图 2-15 所示。

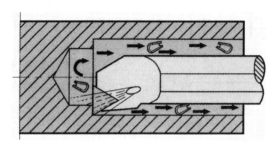

图 2-15　内孔车刀刀杆

2.3.3　数控车床刀具选择实例

完成图 2-16 所示零件的加工，毛坯尺寸 $\phi50$ mm×114 mm。

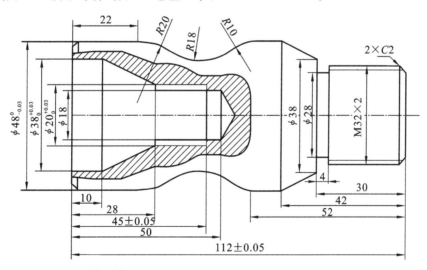

图 2-16　零件图样

1. 图纸分析

（1）加工内容：端面、外圆、倒角、圆弧、螺纹、槽等。

（2）工件坐标系：该零件加工需掉头，从图纸上尺寸标注分析，应设置 2 个坐标系，2 个工件原点均定于装夹后的右端面（精加工面）。

装夹 $\phi50$ 外圆，车端面，对刀，设置第一个工件原点。此端面做精加工面，以后不再加工。

调头装夹 $\phi48$ 外圆,车端面,测量总长度,设置第二个工件原点(设在精加工端面上)。

(3) 换刀点:(120,200)。

(4) 公差处理:尺寸公差取中值。

2. 刀具的选择和切削用量的确定

根据加工内容,确定选择图 2-17 所示的刀具。

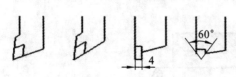
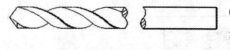

图 2-17　刀具选择

T0101——外轮廓粗加工:刀尖圆弧半径 0.8 mm,切深 2 mm,主轴转速 800 r/min,进给速度 150 mm/min。

T0202——外轮廓精加工:刀尖圆弧半径 0.8 mm,切深 0.5 mm,主轴转速 1500 r/min,进给速度 80 mm/min。

T0303——切槽:刀宽 4 mm,主轴转速 450 r/min,进给速度 20 mm/min。

T0404——加工螺纹:刀尖角 60°,主轴转速 400 r/min,进给速度 2 mm/r(螺距)。

T0505——钻孔:钻头直径 16 mm,主轴转速 450 r/min。

T0606——内轮廓粗加工:刀尖圆弧半径 0.8 mm,切深 1 mm,主轴转速 500 r/min,进给速度 100 mm/min。

T0707——内轮廓精加工:刀尖圆弧半径 0.8 mm,切深 0.4 mm,主轴转速 800 r/min,进给速度 60 mm/min。

2.3.4　刀具的装夹

1. 刀具安装高低对工作角度的影响

在外圆横车时,忽略进给运动的影响,并假定 $\kappa_r = 90°$,$\lambda_s = 0°$,当刀尖安装高于工件中心时,工作切削平面和工作基面将转动 θ 角,使工作前角增大,工作后角减小,如图 2-18 所示,工作角度与标注角度的换算关系如下

$$\gamma_{oe} = \gamma_o + \theta$$
$$\alpha_{oe} = \alpha_o - \theta$$
$$\tan\theta \approx \frac{2h}{D} \qquad (2-5)$$

式中:γ_{oe}——工作前角;

α_{oe}——工作后角;

h——切削刃高于工件中心的距离(mm);

D——工件上选定点的直径(mm)。

当刀尖安装低于工件中心时,刀具工作角度的变化则相反。内孔镗削时的角度变化情

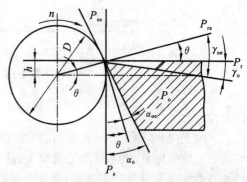

图 2-18　刀具安装高低对工作角度的影响

况恰好与外圆车削时的角度变化情况相反。

2. 刀杆中心线安装歪斜对工作角度的影响

刀杆中心线与进给运动方向不垂直对工作角度的影响如图 2-19 所示。如果刀杆右斜,工作主偏角 κ_{re} 增大,工作副偏角 κ'_{re} 减小;如果刀杆左斜,工作主偏角 κ_{re} 减小,工作副偏角 κ'_{re} 增大。

$$\kappa_{re} = \kappa_r \pm G \qquad\qquad (2\text{-}6)$$

$$\kappa'_{re} = \kappa'_r \mp G \qquad\qquad (2\text{-}7)$$

式中:κ_{re}——工作主偏角;

κ'_{re}——工作副偏角;

G——进给方向的垂线与刀杆中心线间的夹角。

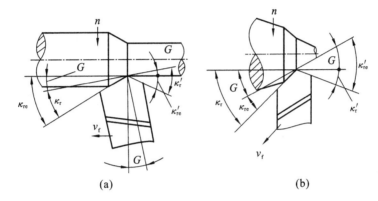

(a)　　　　　　　　　　　(b)

图 2-19　刀杆中心线与进给运动方向不垂直对工作角度的影响

2.4　典型零件工艺分析实例

2.4.1　球形阀芯零件加工工艺规程

完成图 2-20 所示球形阀芯零件的加工。

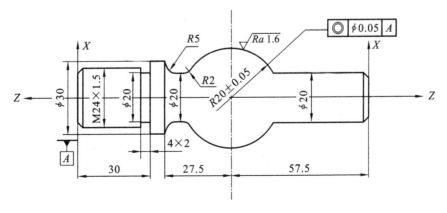

图 2-20　球形阀芯零件图样

球形阀芯零件加工工艺规程如表 2-3 所示。

表 2-3　球形阀芯零件加工工艺规程

加工步骤	加工内容	设备	定位装夹	切削用量			工装	刀具
				v_c/(m/min)	f/(mm/r)	a_p/mm		
1	毛坯 ϕ45 mm×125 mm	锯床(或其他机床)						
2	ϕ24 端面,打中心孔,车外圆、台肩,部分球面粗加工,切退刀槽	数控车床	外圆定位,三爪卡盘夹紧	中心孔1500,外圆500,切槽400	0.3 0.06	1.2		手动钻中心孔 1# 2#
3	粗加工 ϕ20 及球面右侧 粗加工圆弧面	数控车床	一顶一夹	粗加工500,精加工1500	0.2 0.1	1.5 0.2	顶尖	1# 3# 4#
4	车螺纹	数控车床(或其他方式)	两顶	500	2		顶尖、夹头、拨盘	5#
5	切断	普通机床	三爪卡盘	400	0.06			2#

2.4.2　盘套类零件加工工艺规程

完成图 2-21 所示盘套类零件的加工。

盘套类零件加工工艺规程如表 2-4 所示。

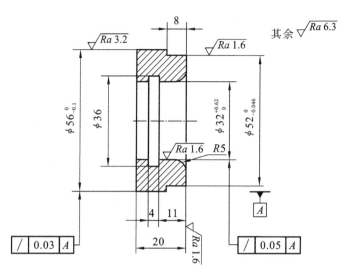

图 2-21 盘套类零件图样

表 2-4 盘套类零件加工工艺规程

加工步骤	加 工 内 容	刀 具	切削速度/(m/min)	进给量/(mm/r)
1	粗车端面	可转位硬质合金 90°偏头外圆车刀	100	0.3
2	粗车外轮廓,留单面余量 0.2 mm	可转位硬质合金 90°偏头外圆车刀	1500	0.2
3	精车端面	可转位硬质合金 90°外圆车刀	180	0.2
4	粗镗内孔	可转位硬质合金 90°内孔车刀	180	0.2
5	精车外轮廓至要求	可转位硬质合金 90°外圆车刀	180	0.2
6	精镗内孔至要求	可转位硬质合金 90°内孔车刀	2500	0.15
7	切内槽至要求	宽 4 mm 机夹硬质合金内切槽刀	500	0.1
8	切断	宽 4 mm 机夹硬质合金内切断刀	600	0.15

2.4.3 综合零件加工工艺规程

完成图 2-22 所示综合零件的加工。

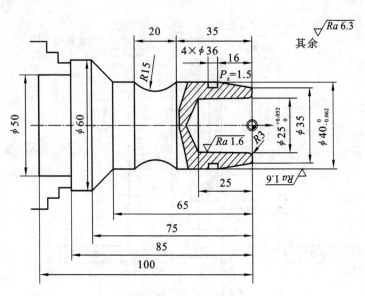

图 2-22   综合零件图样

综合零件加工工艺规程如表 2-5 所示。

表 2-5   综合零件加工工艺规程

加工步骤	加工内容	刀 具	切削速度 /(m/min)	进给量 /(mm/r)
1	粗车端面,留余量 0.2 mm	可转位硬质合金 90°偏头外圆车刀	100	0.3
2	粗车外轮廓,留单面余量 0.2 mm	可转位硬质合金 90°偏头外圆车刀	100	0.3
3	预钻内孔至 $\phi22$ mm	高速钢刀具	300	0.2
4	精镗内孔,留单面余量 0.2 mm	可转位硬质合金 90°内孔车刀	100	0.2
5	精镗内孔至要求	可转位硬质合金 90°内孔车刀	180	0.15
6	精车端面至要求	可转位硬质合金 90°偏头外圆车刀	180	0.2
7	精车外轮廓至要求	可转位硬质合金 90°偏头外圆车刀	180	0.2
8	切螺纹退刀槽	宽 4 mm 机夹硬质合金内切槽刀	500	0.2
9	车螺纹	可转位硬质合金螺纹刀	500	

习　　题

1. 适合数控车削的内容有哪些？
2. 数控车床上常用的夹具有哪些？
3. 加工顺序的安排应遵循哪些原则？
4. 确定走刀路线时应注意哪几点？
5. 切削用量三要素指什么？
6. 数控车刀常用的材料有哪些？
7. 简述内孔车刀刀杆的选择原则。

第*3*章　华中系统数控编程

本章主要介绍数控机床的程序编制、机床坐标系、机床零点、机床参考点、工件坐标系和工件原点、编程零点、绝对坐标系与相对坐标系、简单循环、复合循环。

■ 3.1　数控编程概述

3.1.1　数控机床的程序编制

数控机床是按事先编好的加工程序进行零件加工的,程序编制的好坏直接影响零件的加工质量、生产效率和刀具寿命等。

所谓程序编制,就是编程人员根据加工零件的图样和加工工艺,将零件的加工工艺过程、工艺参数、加工路线以及加工时需要的辅助动作,如换刀、冷却、夹紧、主轴正反转等,按照加工顺序和所用数控机床规定的指令代码、程序格式编制成加工程序单,再将程序单中的全部内容输入到数控装置中,从而指挥数控机床加工。这种根据零件图样和加工工艺转换成数控语言并输入到数控装置的过程称为数控加工的程序编制。

3.1.2　机床坐标系

机床坐标系是为了确定工件在机床上的位置而建立的几何坐标系,是机床上固有的坐标系,在机床坐标系下,始终诊断工件静止而刀具是运动的。

标准机床坐标系采用笛卡尔直角坐标系,其坐标命名为 X、Y、Z,常称为基本坐标系,如图 3-1 所示。其规定遵循右手定则,伸出右手的大拇指、食指和中指,并且相互垂直,则大拇指的指向为 X 坐标轴的正方向,食指的指向为 Y 坐标轴的正方向,中指的指向为 Z 坐标轴的正方向。

围绕 X、Y、Z 坐标轴或与 X、Y、Z 坐标轴平行的轴线旋转的圆周进给坐标分别用 A、B、C 表示,根据右手定则,大拇指的指向为 X、Y、Z 坐标中的任一轴的正方向,其余四指的旋转方向即为旋转坐标 A、B、C 的正方向。

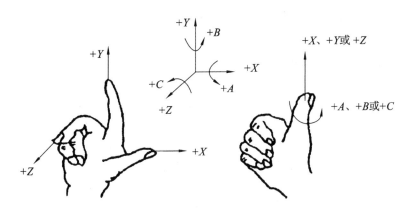

图 3-1　笛卡尔直角坐标系

1. Z 坐标的确定

规定平行于主轴轴线的坐标为 Z 坐标,对于没有主轴的机床,则规定垂直于工件装夹表面的方向为 Z 坐标轴的正方向,Z 轴的正方向是使刀具离开工件的方向。

2. X 坐标的确定

在刀具旋转的机床上,如铣床、钻床、镗床等,若 Z 轴是水平的,则从刀具(主轴)向工件看时,X 轴的正方向指向右边;如果 Z 轴是垂直的,则从主轴向立柱看时,X 轴的正方向指向右边。上述方向都是刀具相对于工件运动而言的。

在工件旋转的机床上,如车床、磨床等,X 轴的运动方向是工件的径向并平行于横向拖板,刀具离开工件旋转中心的方向是 X 轴的正方向。

3. Y 坐标的确定

在确定了 X、Z 轴的正方向后,可按笛卡尔直角坐标系,用右手定则来确定 Y 轴的正方向,即在 ZX 平面内,从 $+Z$ 转到 $+X$ 时,右螺旋应沿 $+Y$ 方向前进。

3.1.3　机床零点

机床坐标系的原点称为机床零点($X=0$,$Y=0$,$Z=0$)。机床零点是机床上一个固定的点,由生产厂家确定。它是其他所有坐标系,如工件坐标系、编程坐标系,以及机床参考点的基准点。数控铣床的零点位置,各生产厂家不一致,有的设置在机床工作台中心,有的设置在进给行程范围的终点。

3.1.4　机床参考点

机床参考点是由机床生产厂家在每个进给轴上用限位开关精确调整好的,坐标值已输入数控系统中,其固定位置由各轴向的机械挡块来确定。一般数控机床开机后,用控制面板上的返回参考点按钮使刀具或工作台退到该点。通常在数控铣床或加工中心上,机床原点与机床参考点是重合的,在数控车床上,机床原点和机床参考点不重合。

3.1.5 工件坐标系和工件原点

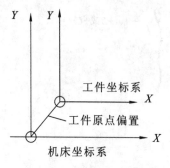

图 3-2 工件原点偏置

工件坐标系是为了确定工件几何图形中各几何要素(如点、直线、圆弧等)的位置而建立的坐标系。工件坐标系的原点就是工件零点。选择工件零点时,最好把工件零点放在工件图的尺寸能够方便地转换成坐标值的地方。

在加工时,工件随夹具在机床上安装好后,测量工件原点与机床原点之间的距离,这个距离称为工件原点偏置(是机床原点在工件坐标系中的绝对坐标值),如图 3-2 所示。

3.1.6 编程零点

编程零点就是程序零点。一般,对于简单零件,工件零点就是编程零点;对于形状复杂的零件,需要编制几个程序或子程序,为了方便和减少坐标值的计算,编程零点不一定设在工件零点上,而设在便于程序编制的位置。

3.1.7 绝对坐标系与相对坐标系

数控系统中描述运动轨迹移动量的方式有两种:绝对坐标系和相对坐标系。

绝对坐标系是指所有坐标点均以某一固定原点计量的坐标系。

相对坐标系是指运动轨迹的终点坐标相对于起点来计量的坐标系。

如图 3-3 所示,A、B 为坐标中的两点,在绝对坐标系中,A、B 两点的坐标分别为(40,40)和(15,20);在以 A 点为原点建立的相对坐标系中,B 点的坐标为(-25,-20)。

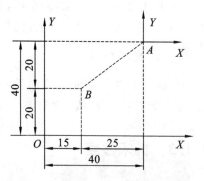

图 3-3 绝对坐标系和相对坐标系

3.2 准备功能(G 代码)

G 代码分为模态 G 代码和非模态 G 代码。

模态 G 代码执行一次后由数控系统存储,在同组的其他代码执行之前一直有效。

对非模态 G 代码,只有指定该 G 代码时才有效,未指定时无效。

G 代码按功能类别可以分为若干个组,如表 3-1 所示,其中,00 组为非模态代码,其他组均为模态代码,同一个程序段中可以指定多个不同组的 G 代码,若在同一个程序段中指定了多个同组的 G 代码，只有最后指定的 G 代码有效。

表 3-1　G 代码的分组

G 代码	组 号	功 能
G00		快速定位
G01	01	直线插补
G02		顺时针圆弧插补
G03		逆时针圆弧插补
G04	00	暂停
G10	07	可编程数据输入
G11		可编程数据输入取消
G17		XY 平面选择
G18	02	ZX 平面选择
G19		YZ 平面选择
G20	08	英制输入
G21		公制输入
G28		返回参考点
G29	00	从参考点返回
G30		返回第 2、3、4、5 参考点
G32	01	螺纹切削
G36	17	直径编程
G37		半径编程
G40		刀具半径补偿取消
G41	09	刀具半径左补偿
G42		刀具半径右补偿
G52	00	局部坐标系设定
G53		直接机床坐标系编程
G54～G59	11	工件坐标系选择
G60	00	单方向定位
G65	00	宏非模态调用

G 代 码	组 号	功　　能
G71		内(外)径粗车复合循环
G72		端面切削复合循环
G73		闭合车削复合循环
G74		端面深孔钻加工循环
G75	06	外径切槽循环
G76		螺纹切削复合循环
G80		内(外)径切削循环
G81		端面切削循环
G82		螺纹切削循环
G83		轴向钻削循环
G90	13	绝对值编程方式
G91		增量值编程方式
G92	00	工件坐标系设定
G94	14	每分钟进给
G95		每转进给
G96	19	主轴恒线速度控制开
G97		主轴恒线速度控制关

3.3　程序的构成

3.3.1　程序的结构

一个零件程序必须包括起始符和结束符,它是由遵循一定结构、句法和格式规则的若干个程序段组成的,而每个程序段是由若干个指令字组成的。

起始符由％(或 O)和数字组成,如％3256。程序起始符应单独占一行,并从程序的第一行、第一格开始。

对于结束符,M02 表示程序结束,M30 表示程序结束并返回程序起点。

3.3.2　程序段的格式

程序段的格式定义了每个程序段中功能字的句法,如图 3-4 所示。

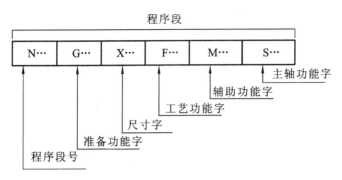

图 3-4　程序段的格式

3.3.3　子程序

当一个程序中有固定加工操作重复出现时,可以把这部分操作编写为子程序,然后根据需要调用,这样可以简化编程,如图 3-5 所示。

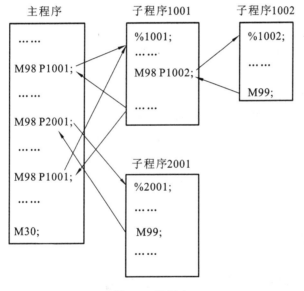

图 3-5　子程序

3.4　M、S、T、F 功能指令

3.4.1　M 功能指令

辅助功能代码由 M 及其后的数字组成,主要用于控制零件程序的走向,以及机床各种辅助功能的开关动作。

M 指令有模态和非模态两种形式。

指定的模态 M 指令一旦被执行,就一直有效,直到被同一组的模态 M 指令注销为止。

非模态 M 指令只在当前程序段中有效。

华中 818B 数控装置 M 指令如表 3-2 所示。

表 3-2　华中 818B 数控装置 M 指令

M 指 令	模　态	功　能	M 指 令	模　态	功　能
M00	非模态	程序暂停	M07	模态	吹气启动
M02	非模态	主程序结束	M08	模态	切削液开
M03	模态	主轴正转	M09	模态	切削液关
M04	模态	主轴反转	M30	非模态	主程序结束并返回程序起点
M05	模态	主轴停止	M98	非模态	调用子程序
M06	非模态	换刀	M99	非模态	返回主程序

3.4.2　S 功能指令

主轴功能 S 控制主轴转速,S 是模态指令,其后的数字表示主轴转速,单位为 r/min。

G96 表示主轴恒线速度切削;S 表示切削速度,单位为 m/min。例如,G96 S150 表示切削速度始终保持在 150 m/min。

用恒线速度控制加工端面或圆弧时,由于 X 坐标不断变化,当刀具逐渐接近工件的旋转中心时,主轴转速越来越高,工件有从卡盘上飞出的危险,为了防止事故发生,必须限制主轴转速。

G97 是取消主轴恒线速度控制指令,此时,S 表示主轴转速。例如,G97 S800 表示主轴转速为 800 r/min。

3.4.3　T 功能指令

T 代码用于选刀和换刀,其后的数字表示选择的刀具号和刀具补偿号。T××××(4 位数字),前两位数字指刀具号,后两位数字指刀具补偿号。同一把刀可以对应多个刀具补偿号,如 T0101、T0102、T0103,也可以多把刀对应一个刀具补偿号,如 T0101、T0201、T0301。

当一个程序段同时包含 T 指令与刀具移动指令时,先执行 T 指令,然后执行刀具移动指令。

【例 3-1】
```
%3001;
T0101;
M03 S500;
G00 X45 Z0;
```

```
G01 X10 F100；
G00 X80 Z30；
M30；
```

3.4.4　F功能指令

数控加工零件时,直线插补(G01)、圆弧插补(G02、G03)等的进给速度由紧跟在 F 后面的数字决定。进给速度的单位由 G94、G95 设置。

1. 每分钟进给(G94)

紧跟在 F 后,指定每分钟进给刀具的量。当指定 G94,即每分钟进给方式时,移动指令的进给速度 F 指定刀具每分钟的移动量,单位为 mm/min(G21 方式)或 in/min(G20 方式)。

2. 每转进给(G95)

紧跟在 F 后,指定每绕主轴一圈进给刀具的量。G95 将刀具每绕主轴移动一圈的移动量作为移动指令的进给速度 F,单位为 mm/r(G21 方式)或 in/r(G20 方式)。只有当主轴配备编码器时才能指定 G95 方式。

3.5　坐标值与尺寸单位

3.5.1　绝对指令和增量指令(G90、G91)

指定刀具移动有两种方法:绝对指令和增量指令。

绝对指令是对刀具移动的终点位置的坐标值进行编程的方法。增量指令是对刀具的移动量进行编程的方法。

绝对指令:G90 X_ Z_；

增量指令:G91 X_ Z_；

【例 3-2】

如图 3-6 所示,刀具从 P 点移动到 Q 点。

绝对指令:G90 X400 Z50；

增量指令:G91 X200 Z−400；

3.5.2　尺寸单位选择(G20、G21)

G20:英制输入模式,单位为 in(英寸)。

G21:公制输入模式,单位为 mm(毫米)。

注意:

(1) G20、G21 为模态功能,可相互注销,

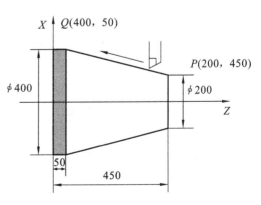

图 3-6　绝对指令与增量指令

G21 为缺省值；

（2）G 代码中输入数据的单位与 HMI 界面上显示的数据单位没有任何关联。G20、G21 只是用来选择 G 代码中输入数据的单位，而不能改变 HMI 界面上显示的数据单位。

3.5.3 直径编程与半径编程（G36、G37）

G36：直径编程。

G37：半径编程。

说明：数控车床的工件外形通常是旋转体，其 X 轴尺寸可以用两种方式加以指定：直径方式和半径方式。G36 为缺省值，机床出厂一般设为直径编程。

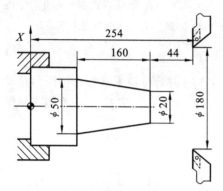

图 3-7　直径编程与半径编程

注意：

（1）Z 轴指令的输入与直径、半径编程无关；

（2）当指定 G02、G03 时，参数 R、I、K 为半径值指定；

（3）单一固定循环中使用的 X 轴的进刀量等的参数 R 为半径值指定；

（4）对于车床或车削中心，系统默认是 G36，即直径编程；

（5）轴向进给速度以半径的变化指定。

【例 3-3】

如图 3-7 所示，用直径方式和半径方式编程。

直径方式：

%3003；

N1 G92 X180 Z254；

N2 G36 G01 X20 W－44；

N3 U30 Z50；

N4 G00 X180 Z254；

N5 M30；

半径方式：

%3342；

N1 G92 X90 Z254；

N2 G37 G01 X10 W－44；

N3 U15 Z50；

N4 G00 X90 Z254；

N5 M30；

3.6 华中系统的编程方法

3.6.1 工件坐标系的设定

有三种方法可以设定工件坐标系。

（1）通过 G92 指令来设定工件坐标系。

（2）使用工件坐标系选择 G54～G59 代码的方法来设定工件坐标系。

（3）对于车床来说，在绝对刀偏补偿方式下，可以通过 T 指令来设定工件坐标零点。

1．G92

格式：G92 X_ Z_；

说明：X、Z 表示设定的工件坐标系原点到刀具起点的有向距离。G92 指令通过设定刀具起点对刀点与坐标系原点的相对位置，建立工件坐标系。工件坐标系一旦建立，绝对值编程时的指令值就是在此坐标系中的坐标值。

G92 指令为非模态指令，执行 G92 指令时，只建立工件坐标系，刀具并不产生运动。

2．G54～G59

G54～G59 表示选择工件坐标系，可以单独使用，它是通过对刀实现的。

3.6.2　快速定位（G00）

格式：G00 X(U)_ Z(W)_；

说明：X、Z 为终点在工件坐标系中的坐标，U、W 为终点相对于起点的位移量。

在 G00 方式下，轴以快移速度进给到指定位置。G00 指令中的快移速度由机床参数对各轴分别设定，不能用 F 指定。

G00 一般用于加工前快速定位或加工后快速退刀。在由 G00 启动的定位方式中，刀具在程序的起点加速至事先确定的速度，并在接近目标时减速，在确定到位之后，执行下一个程序段。

G00 为模态代码，可由 G01、G02、G03 注销。

3.6.3　直线插补（G01）

格式：G01 X(U)_ Z(W)_ F_；

说明：X、Z 为终点在工件坐标系中的坐标，U、W 为终点相对于起点的位移量。

G01 指令刀具以联动的方式，按 F 规定的合成进给速度，从当前点按线性路线移动到程序段指定的终点。G01 是模态代码，可由 G00、G02、G03 注销。进给速度 F 一直有效，不需要每个程序段都指定。

3.6.4　圆弧插补（G02、G03）

格式：$\begin{Bmatrix} G02 \\ G03 \end{Bmatrix}$ X_ Z_ $\begin{Bmatrix} I\_ \ K\_ \\ R\_ \end{Bmatrix}$ F_；

说明：

（1）G02 为顺时针圆弧插补；

（2）G03 为逆时针圆弧插补；

（3）X、Z 为圆弧终点的坐标值；

（4）I、K 为圆弧的圆心相对于圆弧起点在 X 轴和 Z 轴方向上的增量值；

（5）R 为圆弧半径；

(6) F 为进给速度。

3.6.5 暂停（G04）

格式：G04 P_;

说明：P 的单位为 ms。

3.6.6 螺纹切削（G32）

格式：G32 X_ Z_ F_ P_ R_ E_;

说明：

（1）X、Z 为螺纹终点的坐标值；

（2）F 为公制螺纹距离（长轴方向上）；

（3）P 为螺纹起点的角度（用于加工多头螺纹，P＝180 可加工双头螺纹）；

（4）R 为 Z 方向退尾量，增量指定，如需免退刀槽，参数可省略；

（5）E 为 X 方向退尾量，增量指定，如需免退刀槽，参数可省略。

通过 R、E 参数可指定螺纹切削的退尾量，R、E 在绝对值编程和增量值编程时都以增量方式指定，为正表示沿 Z 轴、X 轴正方向回退，为负表示沿 Z 轴、X 轴负方向回退。R、E 可以省略，表示不用回退功能。

注意：

（1）在螺纹切削期间，请勿修改进给修调和主轴修调。

（2）不停主轴而停止螺纹切削刀具进给是非常危险的，这样会突然增加切削深度，因此，在螺纹切削期间，进给暂停功能无效。如果在螺纹切削期间按了进给保持按钮，进给保持无效。

（3）在螺纹切削期间，工作方式不允许由自动方式变为手动、增量或回零方式。

【例 3-4】

对图 3-8 所示的圆柱螺纹编程。螺纹导程为 1.5 mm，每次的背吃刀量（直径值）分别为 0.8 mm、0.6 mm、0.4 mm、0.16 mm。

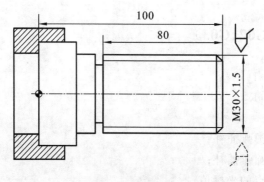

图 3-8　圆柱螺纹

%3004;

N1 T0101;	设立坐标系,选 1 号刀
N2 G00 X50 Z120;	移到起始点的位置
N3 M03 S500;	主轴转速 500 r/min
N4 G00 X29.2 Z101.5;	到螺纹起点,升速段 1.5 mm,背吃刀量 0.8 mm
N5 G32 Z19 F1.5;	切削螺纹到螺纹切削终点,降速段 1 mm
N6 G00 X40;	X 轴方向快退
N7 Z101.5;	Z 轴方向快退到螺纹起点处
N8 X28.6;	X 轴方向快进到螺纹起点处,背吃刀量 0.6 mm
N9 G32 Z19 F1.5;	切削螺纹到螺纹切削终点
N10 G00 X40;	X 轴方向快退
N11 Z101.5;	Z 轴方向快退到螺纹起点处
N12 X28.2;	X 轴方向快进到螺纹起点处,背吃刀量 0.4 mm
N13 G32 Z19 F1.5;	切削螺纹到螺纹切削终点
N14 G00 X40;	X 轴方向快退
N15 Z101.5;	Z 轴方向快退到螺纹起点处
N16 U−11.96;	X 轴方向快进到螺纹起点处,背吃刀量 0.16 mm
N17 G32 W−82.5 F1.5;	切削螺纹到螺纹切削终点
N18 G00 X40;	X 轴方向快退
N19 X50 Z120;	回对刀点
N20 M05;	主轴停止
N21 M30;	主程序结束并复位

3.7 刀具补偿功能

3.7.1 刀具偏置补偿和刀具磨损补偿

刀具补偿功能由 T 代码指定,其后的 4 位数字表示选择的刀具号和刀具补偿号。

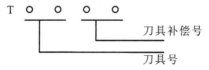

刀具补偿号是刀具偏置补偿寄存器的地址号,该寄存器存放刀具的 X 轴和 Z 轴偏置补偿值、刀具的 X 轴和 Z 轴磨损补偿值。

补偿号为 00 表示补偿量为 0,即取消补偿功能。

【例 3-5】

N1 G00 X100 Z140;

N2 T0301;

N3 X200 Z150;

车床编程轨迹实际上是刀尖的运动轨迹,但是在实际操作中,不同的刀具的几何尺寸、安装位置各不相同,其刀尖点相对于刀架中心的位置也就不同,因此需要对各刀具刀尖点的位置值进行测量设定,以便系统在加工时对刀具偏置值进行补偿。

刀具使用一段时间后磨损,也会使产品尺寸产生误差,因此需要对其进行补偿。该补偿与刀具偏置补偿存放在同一个寄存器的地址号中。各刀的磨损补偿只对该刀有效(包括标刀)。

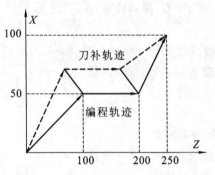

图3-9 建立和取消刀具偏置磨损补偿

【例3-6】

如图3-9所示,先建立刀具偏置磨损补偿,然后取消刀具偏置磨损补偿。

T0202;

G01 X50 Z100;

Z200;

X100 Z250 T0200;

M30;

3.7.2 刀具半径补偿(G40、G41、G42)

数控程序一般是针对刀具上的某一点即刀位点,按工件轮廓尺寸编制的。车刀的刀位点一般为理想状态下的假想刀尖 A 点或刀尖圆弧中心 O 点。但是实际加工中的车刀,由于工艺或其他要求,刀尖往往不是一个理想点,而是一段圆弧。切削加工时,刀具切削点在刀尖圆弧上变动,会造成实际切削点与刀位点之间存在偏差,从而造成过切或少切。这种由于刀尖不是一个理想点而是一段圆弧所造成的加工误差,可用刀具半径补偿功能来消除,如图3-10所示。

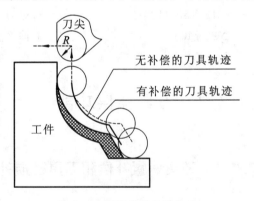

图3-10 刀具半径补偿轨迹

1. 假想刀尖

在图3-11中,在位置 A 的刀尖实际上并不存在。把实际的刀尖中心设在起始位置要比把假想刀尖设在起始位置困难得多,因此需要假想刀尖。使用假想刀尖时,在编程过程中不需要考虑刀尖半径。

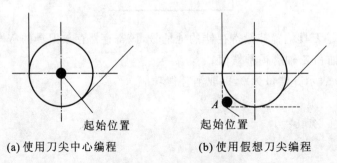

(a) 使用刀尖中心编程   (b) 使用假想刀尖编程

图3-11 刀尖中心和假想刀尖

刀尖圆弧半径补偿是通过 G41、G42、G40 代码及 T 代码指定的刀尖圆弧半径补偿号，加入或取消半径补偿功能的。

说明：

（1）G40 表示取消刀具半径补偿；

（2）G41 表示左补偿；

（3）G42 表示右补偿。

刀具半径左、右补偿如图 3-12 所示。

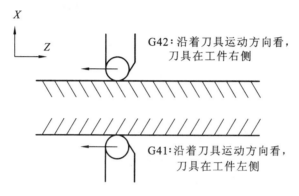

图 3-12　刀具半径左、右补偿

2. 刀尖方位定义

车刀刀尖的方位号定义了刀具刀位点与刀尖圆弧中心的位置关系。刀具刀位点与刀尖圆弧中心的位置关系如图 3-13 所示。

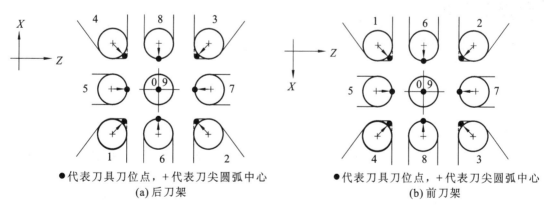

●代表刀具刀位点，+代表刀尖圆弧中心　　　●代表刀具刀位点，+代表刀尖圆弧中心

（a）后刀架　　　　　　　　　　　　　　　　　　（b）前刀架

图 3-13　刀具刀位点与刀尖圆弧中心的位置关系

【例 3-7】

考虑刀具半径补偿，编制图 3-14 所示零件的加工程序。

%3007；

N1 T0101；　　　　　　　　　　选 1 号刀，确定坐标系

N2 M03 S400；　　　　　　　　　主轴正转，转速 400 r/min

N3 G00 X40 Z5；　　　　　　　　到程序起点位置

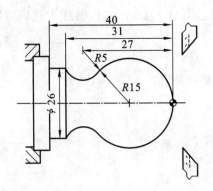

图 3-14　零件图样

N4 G00 X0；　　　　　　　　刀具移到工件中心
N5 G01 G42 Z0 F60；　　　　　加入刀具半径补偿
N6 G03 U24 W－24 R15；　　　加工 R15 圆弧段
N7 G02 X26 Z－31 R5；　　　　加工 R5 圆弧段
N8 G01 Z－40；　　　　　　　加工 φ26 外圆
N9 G00 X30；　　　　　　　　退出已加工表面
N10 G40 X40 Z5；　　　　　　取消刀具半径补偿,返回程序起点位置
N11 M30；　　　　　　　　　主程序结束并复位

3.8　简单循环

3.8.1　内(外)径切削循环(G80)

1. 圆柱面切削循环

格式:G80 X(U)_ Z(W)_ F_；

说明:

(1) X(U)、Z(W):绝对值编程时,为切削终点在工件坐标系中的坐标;增量值编程时,为切削终点相对于循环起点的有向距离。

(2) F:进给速度。

G80 切削圆柱面的走刀路线如图 3-15 所示。

2. 圆锥面切削循环

格式:G80 X(U)_ Z(W)_ I_ F_；

说明:

(1) X(U)、Z(W):绝对值编程时,为切削终点在工件坐标系中的坐标;增量值编程时,为切削终点相对于循环起点的有向距离。

(2) I:切削起点与切削终点的半径差。

（3）F：进给速度。

G80 切削圆锥面的走刀路线如图 3-16 所示。

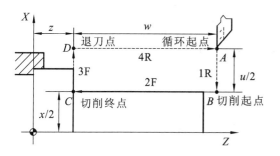

图 3-15　G80 切削圆柱面的走刀路线

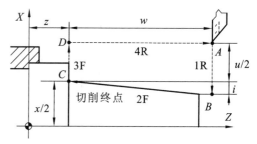

图 3-16　G80 切削圆锥面的走刀路线

【例 3-8】

加工图 3-17 所示的圆柱零件，用 G80 指令编制加工程序。

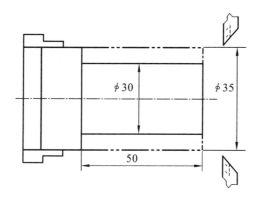

图 3-17　圆柱零件图样

%3008；	
N1 T0101；	设立坐标系，选 1 号刀
N2 M03 S450；	主轴正转，转速 450 r/min
N3 G00 X90 Z20；	快速定位到安全点
N4 X40 Z3；	快速定位到循环起点
N5 G80 X31 Z−50 F100；	外圆切削循环，加工 φ31 外圆
N6 G80 X30 Z−50 F80；	外圆切削循环，加工 φ30 外圆
N7 G00 X90 Z20；	快速定位到安全点
N8 M30；	主程序结束并复位

【例 3-9】

加工图 3-18 所示的圆锥零件，用 G80 指令编制加工程序。

%3009；	
N1 T0101；	设立坐标系，选 1 号刀
N2 G00 X100 Z40 M03 S450；	快速定位到安全点，主轴正转，转速 450 r/min
N3 G00 X40 Z5；	快速定位到循环起点
N4 G80 X31 Z−50 I−2.2 F100；	圆锥加工循环

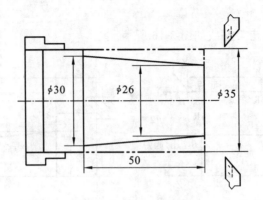

图 3-18　圆锥零件图样

N5 G00 X100 Z40；	快速定位到安全点
N6 T0202；	换 2 号刀,选择 2 号刀补
N7 G00 X40 Z5；	快速定位到循环起点
N8 G80 X30 Z－50 I－2.2 F80；	圆锥加工循环
N9 G00 X100 Z40；	快速定位到安全点
N10 M05；	主轴停止
N11 M30；	主程序结束并复位

3.8.2　端面切削循环(G81)

1. 端平面切削循环

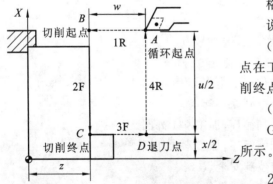

图 3-19　G81 切削端平面的走刀路线

格式:G81 X(U)＿ Z(W)＿ F＿;

说明:

(1) X(U)、Z(W):绝对值编程时,为切削终点在工件坐标系中的坐标;增量值编程时,为切削终点相对于循环起点的有向距离。

(2) F:进给速度。

G81 切削端平面的走刀路线如图 3-19 所示。

2. 圆锥端面切削循环

格式:G81 X(U)＿ Z(W)＿ K＿ F＿;

说明:

(1) X(U)、Z(W):绝对值编程时,为切削终点在工件坐标系中的坐标;增量值编程时,为切削终点相对于循环起点的有向距离。

(2) K:切削起点相对于切削终点的 Z 向有向距离。

(3) F:进给速度。

G81 切削圆锥端面的走刀路线如图 3-20 所示。

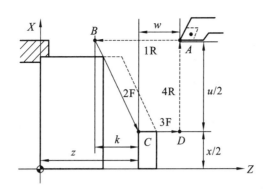

图 3-20 G81 切削圆锥端面的走刀路线

【例 3-10】

加工图 3-21 所示的工件,用 G81 指令编程。

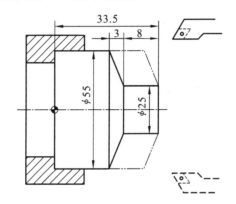

图 3-21 工件图样

%3010;

N1 T0101;	设立坐标系,选 1 号刀
N2 G00 X60 Z45;	移到循环起点
N3 M03 S460;	主轴正转

N4 G81 X25 Z31.5 K−3.5 F100;

N5 X25 Z29.5 K−3.5;

N6 X25 Z27.5 K−3.5;

N7 X25 Z25.5 K−3.5;

N8 M05;	主轴停止
N9 M30;	主程序结束并复位

3.8.3 螺纹切削循环(G82)

1. 直螺纹切削循环

格式:G82 X(U)_ Z(W)_ R_ E_ C_ P_ F_;

说明:

(1) X(U)、Z(W):绝对值编程时,为螺纹终点在工件坐标系中的坐标;增量值编程时,为螺纹终点相对于循环起点的有向距离。

(2) R、E:螺纹切削的退尾量,R、E 均为向量,R 为 Z 向退尾量,E 为 X 向退尾量。

(3) C:螺纹头数,为 0 或 1 时切削单头螺纹。

(4) P:切削单头螺纹时,为主轴基准脉冲处距离切削起点的主轴转角(缺省值为 0);切削多头螺纹时,为相邻螺纹头的切削起点之间对应的主轴转角。

(5) F:公制螺纹导程。

G82 切削直螺纹的走刀路线如图 3-22 所示。

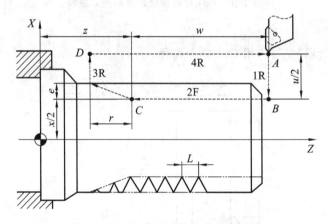

图 3-22 G82 切削直螺纹的走刀路线

2. 锥螺纹切削循环

格式:G82 X(U)_ Z(W)_ I_ R_ E_ C_ P_ F_;

说明:

(1) X(U)、Z(W):绝对值编程时,为螺纹终点在工件坐标系中的坐标;增量值编程时,为螺纹终点相对于循环起点的有向距离。

(2) I:螺纹起点与螺纹终点的半径差。

(3) R、E:螺纹切削的退尾量,R、E 均为向量,R 为 Z 向退尾量,E 为 X 向退尾量。

(4) C:螺纹头数,为 0 或 1 时切削单头螺纹。

(5) P:切削单头螺纹时,为主轴基准脉冲处距离切削起点的主轴转角(缺省值为 0);切削多头螺纹时,为相邻螺纹头的切削起点之间对应的主轴转角。

(6) F:公制螺纹导程。

G82 切削锥螺纹的走刀路线如图 3-23 所示。

注意:

(1) 若需要回退功能,注意 R、E 的正负号要与螺纹切削方向协调,朝螺纹加工反方向回退有可能损伤螺纹。

(2) 可以只指定 R 而不指定 E,但是若指定了 E,则必须指定 R。

(3) 在进给保持状态下,该循环在完成全部动作之后才停止运动。

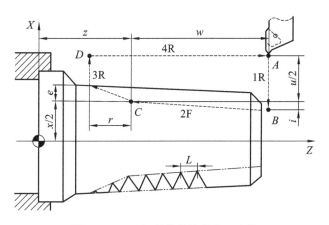

图 3-23　G82 切削锥螺纹的走刀路线

【例 3-11】

加工图 3-24 所示的螺纹,用 G82 指令编程,毛坯外形已加工完成。

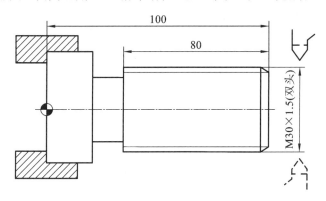

图 3-24　螺纹图样

```
%3011；
N1 G54 G00 X35 Z104；                选定坐标系,移到循环起点
N2 M03 S300；                        主轴正转
N3 G82 X29.2 Z18.5 C2 P180 F3；      第一次循环切削螺纹,切深 0.8 mm
N4 X28.6 Z18.5 C2 P180 F3；          第二次循环切削螺纹,切深 0.6 mm
N5 X28.2 Z18.5 C2 P180 F3；          第三次循环切削螺纹,切深 0.4 mm
N6 X28.04 Z18.5 C2 P180 F3；         第四次循环切削螺纹,切深 0.16 mm
N7 M30；                            主程序结束并复位
```

3.8.4　端面深孔钻加工循环(G74)

本循环用于对端面进行深孔钻加工,走刀路线如图 3-25 所示。

格式:G74 X(U)_ Z(W)_ Q($\triangle$K)_ R(e)_ I(i)_ P(p)_；

说明:

（1）X(U)：绝对值编程时，为孔底终点在工件坐标系中 X 方向的坐标；增量值编程时，为孔底终点相对于循环起点的有向距离。

（2）Z(W)：绝对值编程时，为孔底终点在工件坐标系中 Z 方向的坐标；增量值编程时，为孔底终点相对于循环起点的有向距离。

（3）R：Z 方向的退刀量，只能为正值，可以不填。

（4）Q：每次进刀的深度，只能为正值。

（5）I：钻宽孔时每刀的宽度，只能为正值，可以不填。

（6）P：X 方向的退刀量。

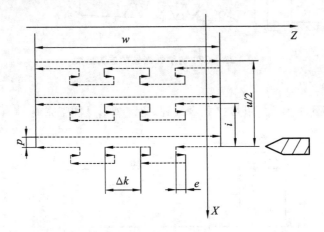

图 3-25　G74 走刀路线

【例 3-12】

加工图 3-26 所示的工件，用 G74 指令编程。

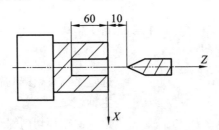

图 3-26　工件图样（端面深孔钻加工）

%3012；	
N1 T0101；	设立坐标系，选 1 号刀
N2 M03 S500；	主轴正转，主轴转速为 500 r/min
N3 G01 X0 Z10 F2000；	直线插补到钻孔起点
N4 G74 X−10 Z−60 R1 Q5 I3 P1；	端面深孔钻加工循环
N5 M30；	主程序结束并复位

3.8.5　外径切槽循环(G75)

本循环用于对工件外径进行切槽加工,走刀路线如图 3-27 所示。

格式:G75 X(U)＿ Z(W)＿ Q(△K)＿ R(e)＿ I(i)＿ P(p)＿;

说明:

(1) X(U):绝对值编程时,为孔底终点在工件坐标系中 X 方向的坐标;增量值编程时,为孔底终点相对于循环起点的有向距离。

(2) Z(W):绝对值编程时,为孔底终点在工件坐标系中 Z 方向的坐标;增量值编程时,为孔底终点相对于循环起点的有向距离。

(3) R:X 方向的退刀量,只能为正值,可以不填。

(4) Q:每次进刀的深度,只能为正值。

(5) I:槽宽,只能为正值,可以不填。

(6) P:Z 方向的退刀量。

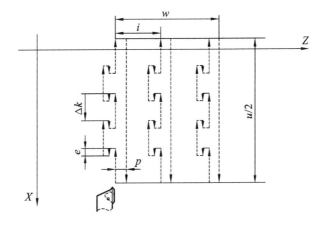

图 3-27　G75 走刀路线

【例 3-13】

加工图 3-28 所示的工件,用 G75 指令编程。

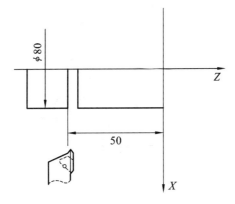

图 3-28　工件图样(外径切槽)

%3013；

N1 T0101；	设立坐标系,选1号刀
N2 M03 S500；	主轴正转,主轴转速为 500 r/min
N3 G01 X0 Z10 F2000；	直线插补到钻孔起点
N4 G75 X−10 Z−60 R1 Q5 I3 P1；	外径切槽循环
N5 M30；	主程序结束并复位

3.9 复合循环

3.9.1 内(外)径粗车复合循环(G71)

1. 无凹槽内(外)径粗车复合循环

格式:G71 U(Δd) R(r) P(ns) Q(nf) X(Δx) Z(Δz) F(f) S(s) T(t)；

说明:

(1) U:切削深度；

(2) R:每次退刀量；

(3) P:精加工路径的第一个程序段号；

(4) Q:精加工路径的最后一个程序段号；

(5) X:X 方向的精加工余量；

(6) Z:Z 方向的精加工余量；

(7) F、S、T:粗加工时所用的进给速度、主轴转速、刀具号。

G71 无凹槽外径粗车的走刀路线如图 3-29 所示。

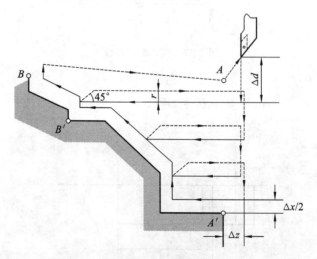

图 3-29 G71 无凹槽外径粗车的走刀路线

2. 有凹槽内(外)径粗车复合循环

格式:G71 U(Δd) R(r) P(ns) Q(nf) E(e) F(f) S(s) T(t)；

说明：

（1）U：切削深度；

（2）R：每次退刀量；

（3）P：精加工路径的第一个程序段号；

（4）Q：精加工路径的最后一个程序段号；

（5）E：精加工余量，外径切削时为正，内径切削时为负；

（6）F、S、T：粗加工时所用的进给速度、主轴转速、刀具号。

G71 有凹槽外径粗车的走刀路线如图 3-30 所示。

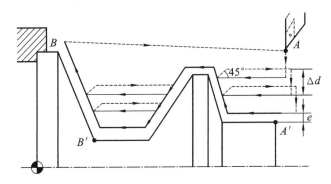

图 3-30　G71 有凹槽外径粗车的走刀路线

注意：

（1）G71 指令必须带有 P、Q，且 ns、nf 要与精加工路径的起、止顺序号对应，否则不能进行该循环加工。

（2）在顺序号为 ns 到顺序号为 nf 的程序段中，不能包含子程序。

【例 3-14】

用有凹槽外径粗车复合循环编制图 3-31 所示零件的加工程序。

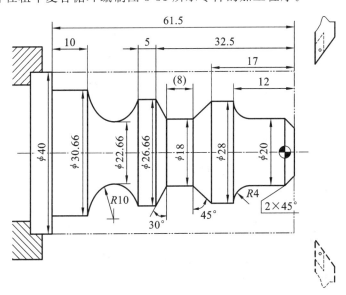

图 3-31　有凹槽零件图样

%3014;

N1 T0101;	选 1 号刀,确定坐标系
N2 G00 X80 Z100;	移到程序起点或换刀点
N3 M03 S400;	主轴正转
N4 G00 X42 Z3;	移到循环起点
N5 G71 U1 R1 P8 Q19 E0.3 F100;	有凹槽粗车循环加工
N6 G00 X80 Z100;	粗加工后,移到换刀点
N7 T0202;	换 2 号刀,确定坐标系
N8 G00 G42 X42 Z3;	加入刀尖圆弧半径补偿
N9 G00 X10;	精加工轮廓开始
N10 G01 X20 Z−2 F80;	倒角
N11 Z−8;	精加工 ϕ20 外圆
N12 G02 X28 Z−12 R4;	精加工 R4 圆弧
N13 G01 Z−17;	精加工 ϕ28 外圆
N14 U−10 W−5;	精加工下切锥
N15 W−8;	精加工 ϕ18 外圆
N16 U8.66 W−2.5;	精加工上切锥
N17 Z−37.5;	精加工 ϕ26.66 外圆
N18 G02 X30.66 W−14 R10;	精加工 R10 圆弧
N19 G01 W−10;	精加工 ϕ30.66 外圆
N20 X40;	退出已加工表面,精加工轮廓结束
N21 G00 G40 X80 Z100;	取消半径补偿,返回换刀点
N22 M30;	主程序结束并复位

3.9.2 端面切削复合循环(G72)

格式:G72 W(Δd) R(r) P(ns) Q(nf) X(Δx) Z(Δz) F(f) S(s) T(t);

说明:

(1) W:切削深度;

(2) R:每次退刀量;

(3) P:精加工路径的第一个程序段号;

(4) Q:精加工路径的最后一个程序段号;

(5) X:X 方向的精加工余量;

(6) Z:Z 方向的精加工余量;

(7) F、S、T:粗加工时所用的进给速度、主轴转速、刀具号。

G72 指令执行图 3-32 所示的粗加工和精加工,其中,精加工路径为 $A \rightarrow A' \rightarrow B' \rightarrow B$。

【例 3-15】

编制图 3-33 所示零件的加工程序,要求循环起点在(80,1),切削深度为 1.2 mm,退刀

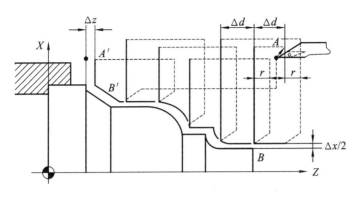

图 3-32　G72 走刀路线

量为 1 mm，X 方向的精加工余量为 0.2 mm，Z 方向的精加工余量为 0.5 mm。

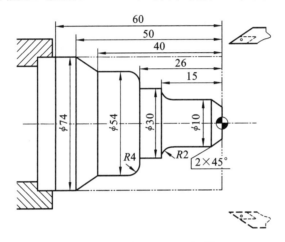

图 3-33　零件图样（端面切削）

%3015；

N1 T0101；	选 1 号刀,确定坐标系
N2 G00 X80 Z80；	移到程序起点
N3 M03 S400；	主轴正转
N4 X80 Z1；	移到循环起点
N5 G72 W1.2 R1 P8 Q17 X0.2 Z0.5 F100；	端面切削循环加工
N6 G00 X100 Z80；	粗加工后,移到换刀点
N7 G42 X80 Z1；	加入刀尖圆弧半径补偿
N8 G00 Z—53；	精加工轮廓开始
N9 G01 X54 Z—40 F80；	精加工锥面
N10 Z—30；	精加工 ϕ54 外圆
N11 G02 U—8 W4 R4；	精加工 R4 圆弧
N12 G01 X30；	
N13 Z—15；	精加工 ϕ30 外圆

N14 U−16；

N15 G03 U−4 W2 R2；　　　　　　　　　精加工 *R*2 圆弧

N16 G01 Z−2；　　　　　　　　　　　　精加工 ϕ10 外圆

N17 U−6 W3；　　　　　　　　　　　　倒角，精加工轮廓结束

N18 G00 X50；　　　　　　　　　　　　退出已加工表面

N19 G40 X80 Z80；　　　　　　　　　取消半径补偿，返回程序起点

N20 M30；　　　　　　　　　　　　　　主程序结束并复位

3.9.3　闭合车削复合循环（G73）

格式：G73 U(Δi) W(Δk) R(r) P(ns) Q(nf) X(Δx) Z(Δz) F(f) S(s) T(t)；

说明：

(1) U：*X* 方向的粗加工余量；

(2) W：*Z* 方向的粗加工余量；

(3) R：粗加工次数；

(4) P：精加工路径的第一个程序段号；

(5) Q：精加工路径的最后一个程序段号；

(6) X：*X* 方向的精加工余量；

(7) Z：*Z* 方向的精加工余量；

(8) F、S、T：粗加工时所用的进给速度、主轴转速、刀具号。

【例 3-16】

编制图 3-34 所示零件的加工程序，要求循环起点在(60,5)，*X*、*Z* 方向的粗加工余量分别为 3 mm、0.9 mm，粗加工次数为 3，*X*、*Z* 方向的精加工余量分别为 0.6 mm、0.1 mm。

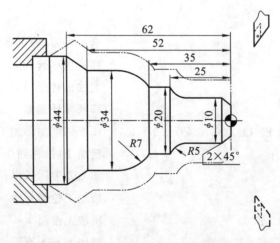

图 3-34　零件图样（闭合车削）

%3016；

N1 T0101；　　　　　　　　　　　　设立坐标系，选 1 号刀

N2 G00 X80 Z80;	移到程序起点
N3 M03 S400;	主轴正转
N4 G00 X60 Z5;	移到循环起点
N5 G73 U3 W0.9 R3 P6 Q13 X0.6 Z0.1 F120;	闭合车削循环加工
N6 G00 X0 Z3;	精加工轮廓开始
N7 G01 U10 Z－2 F80;	倒角
N8 Z－20;	精加工 $\phi10$ 外圆
N9 G02 U10 W－5 R5;	精加工 $R5$ 圆弧
N10 G01 Z－35;	精加工 $\phi20$ 外圆
N11 G03 U14 W－7 R7;	精加工 $R7$ 圆弧
N12 G01 Z－52;	精加工 $\phi34$ 外圆
N13 U10 W－10;	精加工锥面
N14 U10;	退出已加工表面,精加工轮廓结束
N15 G00 X80 Z80;	返回程序起点
N16 M30;	主程序结束并复位

3.9.4　螺纹切削复合循环(G76)

格式:G76 C(c) R(r) E(e) A(a) X(x) Z(z) I(i) K(k) U(d) V(Δd_{min}) Q(Δd) P(p) F(f);

说明:

(1) C:精整次数(1～99);

(2) R:Z 向退尾量;

(3) E:X 向退尾量;

(4) A:刀尖角度;

(5) X、Z:绝对值编程时,为螺纹终点的坐标;增量值编程时,为螺纹终点相对于循环起点的有向距离;

(6) I:螺纹两端的半径差;

(7) K:螺纹高度;

(8) U:精加工余量(半径值);

(9) V:最小切削深度(半径值);

(10) Q:第一次切削深度(半径值);

(11) P:主轴基准脉冲处距离切削起点的主轴转角;

(12) F:公制螺纹导程。

G76 加工轨迹如图 3-35 所示。

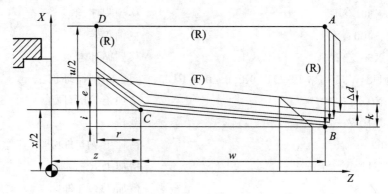

图 3-35   G76 加工轨迹

【例 3-17】

用螺纹切削复合循环 G76 指令编制图 3-36 所示零件的加工程序。

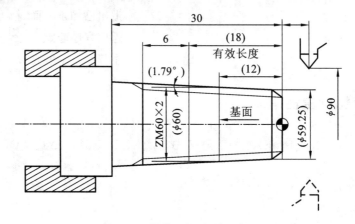

图 3-36   零件图样（螺纹切削）

%3017;	
N1 T0101;	选 1 号刀,确定坐标系
N2 G00 X100 Z100;	移到程序起点或换刀点
N3 M03 S400;	主轴正转
N4 G00 X90 Z4;	移到循环起点
N5 G80 X61.125 Z−30 I−1.063 F80;	加工锥螺纹外表面
N6 G00 X100 Z100 M05;	移到程序起点或换刀点
N7 T0202;	换 2 号刀,确定坐标系
N8 M03 S300;	主轴正转
N9 G00 X90 Z4;	移到循环起点
N10 G76 C2 R−3 E1.3 A60 X58.15 Z−24 I−0.875 K1.299 U0.1 V0.1 Q0.45 F2;	螺纹加工
N11 G00 X100 Z100;	返回程序起点或换刀点
N12 M05;	主轴停止
N13 M30;	主程序结束并复位

3.10　编程综合实例

【例 3-18】

编制图 3-37 所示零件的加工程序。

建立工件坐标系,将工件坐标系原点设在回转中心与右端面的交点处。

T0101:外圆车刀。

T0202:切槽刀。

T0303:螺纹刀。

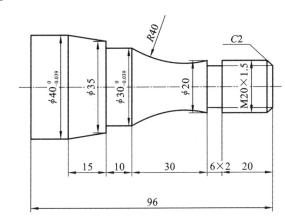

图 3-37　零件图样 1

％3018;	
T0101;	建立工件坐标系,选择 1 号刀
M03 S800 G95;	主轴正转,主轴转速为 800 r/min
G00 X80 Z50;	快速定位到安全点
G00 X47 Z3;	快速定位到换刀点
G71 U0.8 R0.3 P1 Q2 X0.5 Z0 F0.2;	粗车循环
N1 G00 X16;	精车循环,接近工件
G01 Z0;	直线插补到倒角起点
G01 X20 Z−2;	倒角
Z−26;	加工 $\phi20$ 外圆
G02 X30 W−30 R40;	加工 $R40$ 圆弧
G01 W−10;	加工 $\phi30$ 圆柱
G01 X35;	加工台阶面
G01 X40 W−15;	加工锥面
G01 Z−96;	加工 $\phi40$ 圆柱
N2 G01 X45;	抬刀,精加工结束
G00 X80 Z50;	快速定位到安全点
T0202;	换 2 号刀
G00 X25 Z−23;	快速定位到切槽起点

G01 X16 F0.15；	切槽
G04 P1500；	暂停1.5秒
G01 X25；	抬刀
W-3；	移动刀具
G01 X16；	切槽
G04 P1500；	暂停1.5秒
G01 X25；	抬刀
G00 X80 Z50；	快速定位到安全点
T0303；	换3号刀
G00 X22 Z3；	快速定位到螺纹切削循环起点
G82 X19.2 Z-23 F1.5；	螺纹加工循环
X18.6；	
X18.2；	
X18.04；	
G00 X80 Z50；	快速定位到安全点
M05；	主轴停止
M30；	主程序结束并复位

【例3-19】

编制图3-38所示零件的加工程序。

建立工件坐标系,将工件坐标系原点设在回转中心与右端面的交点处。

T0101:外圆车刀。

T0202:内孔车刀。

T0303:内切槽刀。

T0404:内螺纹刀。

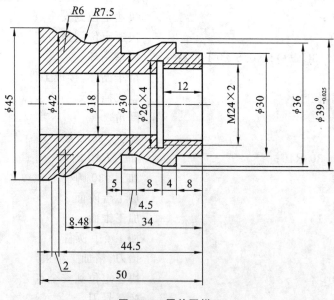

图3-38 零件图样2

```
%3019;
T0101;                                      选 1 号刀
M03 S1500;                                  主轴正转,主轴转速为 1500 r/min
G00 X52. Z2.;                               快速定位到精车循环起点
G71 U2.5 R1 P1 Q2 X0.6 Z0.3 F0.3;           粗车循环
N1 G01 X30. Z2.;
Z-8.;                                       精车循环起点
X36.;
Z-12.;
X30. Z-20.;
Z-24.5;
X39.;
Z-29.5;
G02 X37. Z-37. R7.5;
G03 X43. Z-42.48 R6.;
G01 X42. Z-44.5;
X45. Z-46.5;
N2 Z-50.;                                   精车循环终点
G00 X100. Z100.;                            快速定位到换刀点
T0202;                                      换 2 号刀
G00 X26. Z2.;                               快速定位到内轮廓加工起点
G01 Z-12.;                                  加工内轮廓
Z2.;
G00 X100. Z100.;                            快速定位到换刀点
T0303;                                      换 3 号刀
G00 X24. Z2.;
G01 Z-14.;                                  加工内螺纹退刀槽
X28.;
X24.;
Z2.;
G00 X100. Z100.;
T0404;                                      换 4 号刀
G00 X26. Z1.;
G82 X26.5 Z-13. F2.;
X27. Z-13.;
X27.5 Z-13.;
X28. Z-13.;
X28.6 Z-13.;
G00 X100. Z100.;                            快速定位到换刀点
M05;                                        主轴停止
M30;                                        主程序结束并复位
```

习　题

1. 什么是程序编制？
2. 什么是机床坐标系？
3. 简述机床零点和机床参考点的区别。
4. 什么是绝对坐标系和相对坐标系？
5. 什么是模态代码？什么是非模态代码？
6. 什么是子程序？
7. 简述 G36 和 G37 的区别。
8. 简述 G40、G41、G42 的区别。
9. 试编写图 3-39 所示零件的加工程序。
10. 试编写图 3-40 所示零件的加工程序。
11. 试编写图 3-41 所示零件的加工程序。

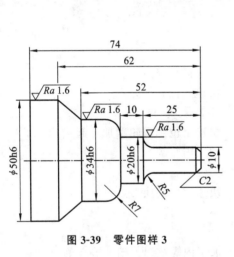

图 3-39　零件图样 3

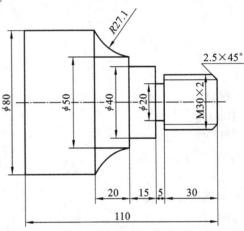

图 3-40　零件图样 4

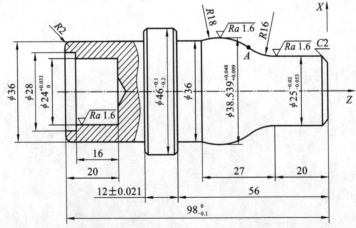

$A(31.371, -29.581)$

图 3-41　零件图样 5

第4章 FANUC系统数控编程

本章主要介绍数控编程的基本概念,并通过实例介绍坐标系的设定、常用的编程方法和控制指令、车削加工的循环指令,以及子程序及宏程序的使用。

4.1 数控编程概述

4.1.1 数控编程的内容

一般来说,数控编程主要包括以下几个方面的内容。

(1)根据零件图纸,进行工艺性分析。编程人员首先要根据零件图纸对零件的形状、尺寸、精度、材料及热处理进行工艺性分析,选择合理的加工方案,确定机床、刀具、切削参数、加工路线及装夹方式等。

(2)数值计算。确定工艺路线后,设定工件坐标系,对零件的粗、精加工的运动轨迹进行计算,得到刀位数据。对于形状简单的零件,计算出各几何元素的起点、终点、交点、切点等,对于形状复杂的零件,需通过计算机绘图软件画出零件的几何图形,并计算出各节点的坐标值。

(3)编写加工程序单。工艺路线、工艺参数、刀位数据确定后,编程人员要根据数控系统所规定的程序格式和指令代码编写加工程序单,同时附上各种工艺卡片(如数控加工工艺卡、刀具卡、工序卡等)和相关的文字说明。

(4)制备控制介质。将编写好的加工程序单记录在控制介质上,通过手动或通信传输的方式输入到数控装置中。

(5)程序校验和首件试切。加工程序单和制备好的控制介质必须通过校验和首件试切才能正式使用。校验的方法是直接将制备好的控制介质上的内容输入到数控装置中,将机床锁住,在图形界面上模拟刀具和工件切削轨迹,从而检验程序是否正确,但是这样不能检测精度,所以需要进行首件试切。当发现试切后的工件有误差时,分析原因,找出问题,一般少量误差可以在刀补中修正。

4.1.2 数控编程的种类

数控编程一般有两种:手工编程和自动编程。

手工编程就是分析零件图样、确定加工工艺过程、数值计算、编写零件加工程序、制备控制介质、程序校验都由人工来完成。对于形状简单、计算量小、程序不多的零件,采用手工编程经济、快速。在点位加工和由直线与圆弧组成的轮廓加工中,手工编程应用得很广泛。

自动编程就是用专门的软件编制数控加工程序。编程人员只需要根据零件图的要求,在计算机上绘制出图形,计算机会自动地进行数值计算,编写加工程序单,加工程序通过直接通信的方式送入数控机床,指挥机床工作。自动编程使得一些形状复杂的零件可以顺利地被加工出来。

4.1.3 程序结构与程序段格式

1. 程序结构

为运行机床而送到 CNC 的一组指令称为程序。刀具按照指定的指令沿着直线或圆弧移动,主轴电机按照指令旋转或停止。

程序是由一系列程序段组成的,如图 4-1 所示。用于区分每个程序段的号码称为顺序号,用于区分每个程序的号码称为程序号。

O0001;	程序号
N0010 G54 G00 X100. Z100. ;	程序段
N0020 M03 S1000;	程序段
N0030······	程序段
N0040······	程序段
······	程序段
N0300······	程序段
N0390 M30;	程序结束

图 4-1 程序结构

2. 程序段格式

字地址程序段格式是目前最常用的程序段格式,即

N_	G_	X_	Y_	Z_	······	F_	S_	T_	M_	;

其中:

N——程序段号字;

G——准备功能字;

X、Y、Z——坐标功能字;

F——进给功能字；

S——主轴转速功能字；

T——刀具功能字；

M——辅助功能字。

【例 4-1】

N0001 G01 X65.0 Z—40.0 F150 S1000 M03,其含义为命令数控机床使用 1 号刀具以 150 mm/min 的进给速度和 1000 r/min 的主轴转速加工工件,刀具沿直线移至 $X=65,Z=-40$ 处。

4.2　数控机床的坐标系及系统功能

4.2.1　机床坐标系和工件坐标系

1. 机床坐标系

机床原点是机床上一个相对固定的点,机床上的一个用作加工基准的特定点称为机床原点。机床制造厂对每台机床设置机床原点,车床的机床原点在卡盘端面与主轴回转中心的交点处。

机床参考点也是机床上的一个固定的点,其固定位置由 X 向和 Z 向的机械挡块来确定,它是各坐标轴的正向最大极限位置。当发出回参考点的指令时,装在横向和纵向滑板上的行程开关碰到相应的机械挡块后,由数控系统控制滑板停止运动,完成回参考点的操作。

用机床原点作为原点设置的坐标系称为机床坐标系。

通电之后,必须执行手动返回参考点操作设置机床坐标系,机床坐标系一旦设定,就保持不变,直到电源关掉为止。

2. 工件坐标系

为了简化编程,在数控编程时,应该首先设定工件坐标系和工件原点。工件坐标系由 CNC 预先设定。一个加工程序设置一个工件坐标系,可以通过移动原点来改变设置的工件坐标系。

3. 设定工件坐标系的三种方法

(1) 通过对刀将刀偏值写入参数从而获得工件坐标系。这种方法操作简单,可靠性好,只要不断电,不改变刀偏值,工件坐标系就会存在且不会变,即使断电,重启后回参考点,工件坐标系还在原来的位置。

(2) 用 G92 或 G50 设定工件坐标系,指令格式为 G92/G50 X_ Z_,X、Z 为刀位点在工件坐标系中的起始点(即起刀点)的位置。

【例 4-2】

如图 4-2 所示,若以工件左端面与主轴回转中心的交点为工件原点,则建立工件坐标系所用的指令为 G92/G50 X200. Z205.;如图 4-3 所示,若以工件右端面与主轴回转中心的交点为工件原点,则建立工件坐标系所用的指令为 G92/G50 X200. Z85. 。

(3) 运用 G54～G59 可以设定六个坐标系,这种坐标系是相对于参考点不变的,与刀具无关。这种方法适用于批量生产且工件在卡盘上有固定装夹位置的加工。

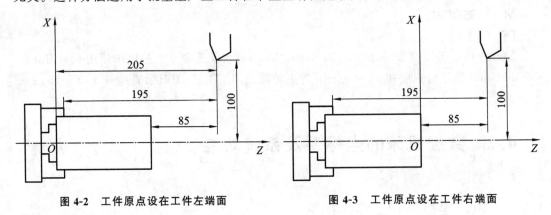

图 4-2　工件原点设在工件左端面　　　　图 4-3　工件原点设在工件右端面

4.2.2　参考点

要熟练掌握数控车床的编程与加工,必须了解参考点的原理及它们是如何工作的。参考点可以分为两种:固定参考点和活动参考点。固定参考点是机床生产厂家作为硬件的一部分设计的,用户不能改变它,一台机床至少有一个固定参考点。

1. 机床参考点

机床参考点通常称为机床参考位置,该点的位置随着机床生产厂家的不同而不同。

2. 工件参考点

工件参考点也称为程序原点或工件原点,从理论上讲,程序原点可以设在任何地方,但是在选择程序原点的时候,需要考虑以下三个因素:加工精度、调试和操作的方便性、工作状况的安全性。

在数控车床上选择程序原点时,一般要注意以下几点。

(1) X 轴方向的程序原点应设在主轴的中心线上。

(2) Z 轴方向的程序原点可以设在卡盘的表面,也可以设在加工工件的前表面。

3. 刀具参考点

刀具参考点通常是刀具中心线和切削刃(边)最低位置的交点,如图 4-4 所示。

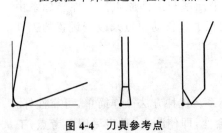

图 4-4　刀具参考点

4.2.3　主轴转速、进给控制、刀具功能

1. 主轴转速功能(S)

S 是模态指令,S 功能只有在主轴转速可调节时有效。用 S 所编的程序的主轴转速可

以借助机床控制面板上的主轴倍率开关进行修调。

G50 在 FANUC 系统中有两种含义,一种表示建立工件坐标系,另一种表示设定主轴最高转速,在华中系统中只表示设定主轴最高转速。例如,G50 S3000 表示设定主轴最高转速为 3000 r/min。

2．进给控制功能(F)

F 指令表示工件被加工时刀具相对于工件的合成进给速度,FANUC 系统数控车床用 G98 表示每分钟进给量(mm/min),用 G99 表示主轴每转一转刀具的进给量(mm/r)。

在 G01、G02、G03 方式下,F 一直有效,直到被新的 F 取代,而在 G00 方式下,各轴以系统默认的最快速度转动,与编程时所给出的 F 无关。通过控制面板上的倍率按键,F 可以在一定范围内修调。

3．刀具功能(T)

T 代码用于选刀,其后的四位数字分别表示刀具号和刀补号。例如,T0101,前一个 01 表示 1 号刀,后一个 01 表示 1 号刀具补偿。

4.2.4　辅助功能

辅助功能是用 M 及两位数字表示的,如表 4-1 所示。其特点是靠继电器的通断来实现控制过程。

表 4-1　辅助功能

序　号	代　码	功　能	序　号	代　码	功　能
1	M00	程序暂停	10	M11	车螺纹直退刀
2	M01	计划停止	11	M12	误差检测
3	M02	机床复位	12	M13	误差检测取消
4	M03	主轴正转	13	M19	主轴准停
5	M04	主轴反转	14	M20	ROBOT 工作启动
6	M05	主轴停止	15	M30	程序结束
7	M08	切削液开	16	M98	调用子程序
8	M09	切削液关	17	M99	返回主程序
9	M10	车螺纹 45°退刀			

4.3　FANUC 系统常用的编程方法及运动轨迹控制指令

4.3.1　绝对值编程与增量值编程

数控车床编程时,可采用绝对值编程、增量值编程和混合编程。由于被加工零件的径向尺寸在图样上标注和测量时,都是以直径值表示,所以直径方向用绝对值编程时,X 以直径值表示,用增量值编程时,以径向实际位移量的两倍值表示,并带上方向符号。

1. 绝对值编程

绝对值编程是根据预先设定的编程原点计算出工件轮廓基点或节点绝对值坐标进行编程的一种方法。首先找出编程原点的位置,然后用地址 X、Z 进行编程。例如 X50.0 Z80.0,X、Z 后面的数字表示轮廓终点的绝对值坐标。

2. 增量值编程

增量值编程是根据与前一位置的坐标值增量进行编程的一种方法,即程序中的终点坐标是相对于起点坐标而言的。采用增量值编程时,用 U、W 代替 X、Z 进行编程。U、W 的正负由行程方向决定,行程方向与机床坐标方向相同时为正,反之为负。例如,U50.0 W80.0 表示终点相对于前一加工点的坐标差值在 X 轴方向为 50,在 Z 轴方向为 80。

3. 混合编程

设定工件坐标系后,绝对值编程与增量值编程混合起来进行编程的方法叫混合编程。

【例 4-3】

分别用绝对值编程、增量值编程、混合编程编写图 4-5 所示零件的加工程序。

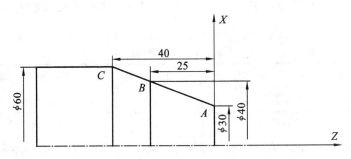

图 4-5 编程零件图样

(1) 绝对值编程。

O4003;	
G54;	建立工件坐标系
G00 X80. Z30.;	快速定位到 X80. Z30.处
M03 S800 T0101;	主轴正转,主轴转速为 800 r/min,换 1 号刀
G00 X60. Z2.;	快速定位到 X60. Z2.处
G01 X30.0 Z0 F100;	直线插补到 X30.0 Z0 处,进给速度为 100 mm/min
X40.0 Z−25.0;	直线插补到 X40.0 Z−25.0 处
X60.0 Z−40.0;	直线插补到 X60.0 Z−40.0 处
G00 X80.;	快速定位到 X80.处
G00 Z30.;	快速定位到 Z30.处
M05;	主轴停止
M30;	程序结束

（2）增量值编程。

O4004；

G54；　　　　　　　　　　　　　　建立工件坐标系

G00 X80. Z30.；　　　　　　　　　快速定位到 X80. Z30. 处

M03 S800 T0101；　　　　　　　　主轴正转，主轴转速为 800 r/min，换 1 号刀

G00 X60. Z2.；　　　　　　　　　 快速定位到 X60. Z2. 处

G01 U－30. W－2. F100；

U10.0 W－25.0；

U20.0 W－15.0；

G00 X80.；

G00 Z30.；

M05；　　　　　　　　　　　　　　主轴停止

M30；　　　　　　　　　　　　　　程序结束

（3）混合编程。

O4005；

G54；　　　　　　　　　　　　　　建立工件坐标系

G00 X80. Z30.；　　　　　　　　　快速定位到 X80. Z30. 处

M03 S800 T0101；　　　　　　　　主轴正转，主轴转速为 800 r/min，换 1 号刀

G00 X60. Z2.；　　　　　　　　　 快速定位到 X60. Z2. 处

G01 U－30. W－2. F100；

X40.0 W－25.0；

X60.0 W－15.0；

G00 X80.；

G00 Z30.；

M05；　　　　　　　　　　　　　　主轴停止

M30；　　　　　　　　　　　　　　程序结束

4.3.2　半径编程与直径编程

数控编程中经常会用到半径编程与直径编程。

格式：G00　X(U)_ Z(W)_；

4.3.3　脉冲数编程与小数点编程

在数控编程中，可以用脉冲数编程，也可以用小数点编程。

当使用脉冲数编程时，与数控系统最小设定单位（脉冲当量）有关，当脉冲当量为 0.001 时，表示 1 个脉冲，运动部件移动 0.001 mm。程序中移动距离数值以 μm 为单位，如 X60 000 表示移动 60 000 μm，即移动 60 mm。

当使用小数点编程时，以 mm 为单位，要特别注意小数点的输入。例如，X60.0 表示移

动距离为 60 mm,而 X60 则表示采用脉冲数编程,移动距离为 60 μm(0.06 mm)。采用小数点编程时,小数点后的 0 可省略。

4.3.4　公制和英制的输入

如果一个程序段开始用 G20 指令,表示程序中相关的一些数据为英制;如果一个程序段开始用 G21 指令,表示程序中相关的一些数据为公制。在我国,机床出厂时一般设为 G21 状态,机床刀具各参数以公制单位设定。

FANUC 系统数控编程可以使用公制单位,也可以使用英制单位,但是千万不要在同一程序中混合使用公制单位和英制单位。

英制与公制的换算:1 英尺=12 英寸,1 英寸=2.54 厘米,1 毫米=0.039 4 英寸,1 厘米=0.393 7 英寸。

4.3.5　运动轨迹控制指令

1．快速定位(G00)

如图 4-6 所示,从 A 点快速移动到 B 点,需要使用快速定位指令 G00。

绝对值编程:G00 X120.0 Z100.0;

增量值编程:G00 U80.0 W80.0;

格式:G00 X(U)_ Z(W)_;

说明:G00 是模态指令,它命令刀具以点位控制方式从刀具所在点快速移动到下一个目标位置。它只是快速定位,而无运动轨迹要求,也无切削加工过程。

注意:

(1) G00 为模态指令。

(2) 移动速度不能用程序指令设定,而是由厂家预先设置的。

(3) 刀具在程序起点加速到最大速度,然后快速移动,最后减速移动到终点,实现快速定位。

(4) 刀具的实际运动路线不是直线,而是折线,使用时要注意刀具是否和工件发生干涉。

2．直线插补(G01)

如图 4-7 所示,在数控车床上加工外圆锥面,车刀从 A 点沿直线移动到 B 点时,要用 G01 指令。

绝对值编程:G01 X45.0 Z13.0 F30;

增量值编程:G01 U20.0 W−20.0 F30;

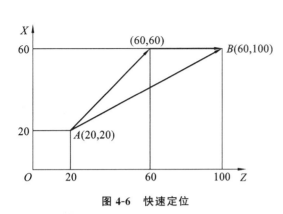

图 4-6　快速定位

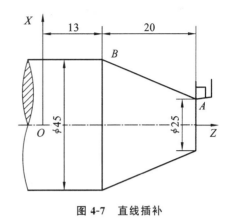

图 4-7　直线插补

格式：G01 X(U)_ Z(W)_ F_;

说明：G01 是模态指令,它命令刀具在两坐标或三坐标间以插补联动方式按指定的 F 进给速度作任意斜率的直线运动。

注意：

(1) G01 指令后的坐标值取绝对值还是取增量值,由尺寸字地址决定。

(2) 进给速度由 F 指令决定。F 指令也是模态指令,可用 G00 指令取消。如果在 G01 程序段之前的程序段中没有 F 指令,而现在的 G01 程序段中也没有 F 指令,则机床不运动。

3. 圆弧插补(G02、G03)

1) 圆弧顺逆的判断

圆弧插补指令分为顺时针圆弧插补指令(G02)和逆时针圆弧插补指令(G03)。数控车床是两坐标的机床,只有 X 轴和 Z 轴,因此,按右手定则,将 Y 轴考虑进去,然后从 Y 轴的正方向向 Y 轴的负方向看去,即可正确判断圆弧的顺逆,如图 4-8 所示。

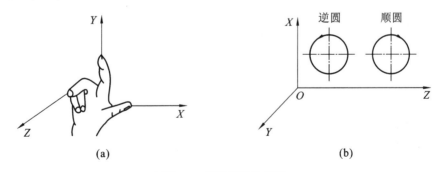

图 4-8　圆弧顺逆的判断

2) G02、G03 指令的格式

在车床上加工圆弧时,不仅需要用 G02、G03 指出圆弧的顺逆方向,用 X(U)、Z(W)指定圆弧终点的坐标,还要指定圆心的位置。一般,指定圆心位置的方法有以下两种。

(1) 用 I、K 指定圆心位置。

格式：$\begin{cases} G02 \\ G03 \end{cases}$ X(U)_ Z(W)_ I_ K_ F_;

（2）用圆弧半径 R 指定圆心位置。

格式：$\begin{Bmatrix} G02 \\ G03 \end{Bmatrix}$ X(U)_ Z(W)_ R_ F_ ；

注意：

① G02 为顺圆插补，G03 为逆圆插补。

② 采用绝对值编程时，用 X、Z 表示圆弧终点在工件坐标系中的坐标值；采用增量值编程时，用 U、W 表示圆弧终点相对于圆弧起点的增量值。

③ 圆心坐标 I、K 为圆弧起点到圆心所作矢量分别在 X、Z 轴方向上的分矢量（矢量方向指向圆心）。本系统的 I、K 为增量坐标，当分矢量的方向与坐标轴的正方向一致时，I、K 为正，反之为负。

④ 用半径 R 指定圆心位置时，由于在同一半径 R 的情况下，从圆弧的起点到终点有两个圆弧的可能性，因此在编程时规定，圆心角小于或等于 180 度的圆弧，R 为正，圆心角大于 180 度的圆弧，R 为负。

⑤ 程序段中同时给出 I、K 和 R 时，R 优先，I、K 无效。

⑥ G02、G03 用半径指定圆心位置时，不能描述整圆。

【例 4-4】

用顺时针圆弧插补指令 G02 编写图 4-9 所示零件的加工程序。

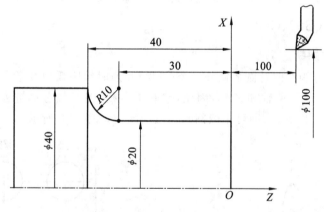

图 4-9　G02 加工零件图样

方法一：用 I、K 指定圆心位置。

（1）绝对值编程 。

……

N05 G00 X20.0 Z2.0；

N10 G01 Z−30.0 F80；

N15 G02 X40.0 Z−40.0 I10.0 K0 F60；

……

（2）增量值编程。

……

N05 G00 U−80.0 W−98.0；

N10 G01 U0 W－32.0 F80；

N15 G02 U20.0 W－10.0 I10.0 K0 F60；

……

方法二：用 R 指定圆心位置。

……

N05 G00 X20.0 Z2.0；

N10 G01 Z－30.0 F80；

N15 G02 X40.0 Z－40.0 R10.0 F60；

……

【例 4-5】

用逆时针圆弧插补指令 G03 编写图 4-10 所示零件的加工程序。

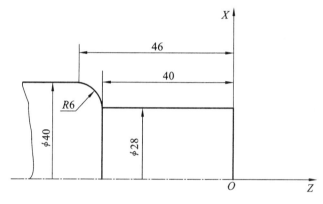

图 4-10 G03 加工零件图样

方法一：用 I、K 指定圆心位置。

（1）绝对值编程。

……

N05 G00 X28.0 Z2.0；

N10 G01 Z－40.0 F80；

N15 G03 X40.0 Z－46.0 I0 K－6.0 F60；

……

（2）增量值编程。

……

N05 G00 U－150.0 W－98.0；

N10 G01 U0 W－42.0 F80；

N15 G03 U12.0 W－6.0 I0 K－6.0 F60；

……

方法二：用 R 指定圆心位置。

……

N05 G00 X28.0 Z2.0；

N10 G01 Z－40.0 F80；

N15 G03 X40.0 Z－46.0 R6.0 F60；

······

4. 暂停（G04）

该指令为非模态指令，在进行镗孔、车槽、车台阶轴清根等加工时，常要求刀具在很短的时间内实现无进给光整加工，此时可以用 G04 指令实现暂停，暂停结束后，继续执行下一段程序。其格式为

G04 P_；

或 G04 X_；

其中，P、X 为暂停时间，P 后面的数为整数，单位为 ms，X 后面的数为小数，单位为 s。

【例 4-6】

欲停留 1.5 s，则程序段为 G04 X1.5 或 G04 P1500。

4.3.6　刀具半径补偿

在加工锥形和圆形工件时，由于刀尖存在圆角，所以只用刀具偏置功能，很难对精密零件进行必要的补偿。刀具半径补偿功能可以自动补偿这种误差，如图 4-11 所示。

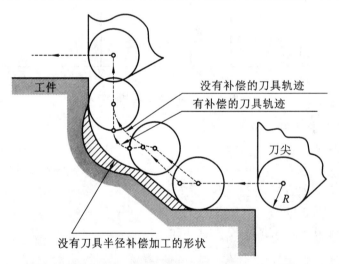

图 4-11　刀具半径补偿的刀具轨迹

在图 4-12 中，在位置 A 的刀尖实际上并不存在。把实际的刀尖中心设在起始位置要比把假想刀尖设在起始位置困难得多，因此需要假想刀尖。

从刀尖中心观察的假想刀尖方位由切削时刀具的方向决定，它必须同偏移值一起提前设定。假想刀尖的方位如图 4-13 所示。

大多数数控装置都有刀具半径补偿功能，使用刀具半径补偿指令，并按刀尖中心轨迹运动。执行刀具半径补偿指令后，刀具自动偏离工件轮廓一个刀具半径值，从而加工出所要求的工件轮廓。

当刀具磨损或刀具刃磨后，刀具半径变小，这时只需要通过控制面板输入改变后的刀具

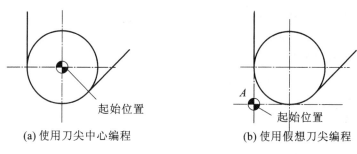

(a) 使用刀尖中心编程　　　　　　　(b) 使用假想刀尖编程

图 4-12　刀尖中心和假想刀尖

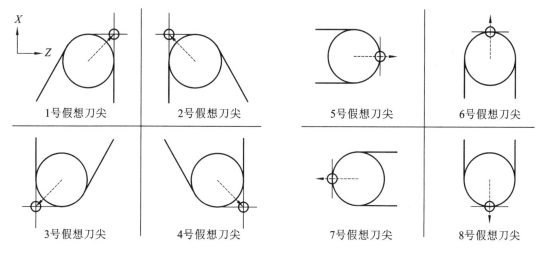

1号假想刀尖　　　　2号假想刀尖　　　　　5号假想刀尖　　　　6号假想刀尖

3号假想刀尖　　　　4号假想刀尖　　　　　7号假想刀尖　　　　8号假想刀尖

图 4-13　假想刀尖的方位

半径,而不需要修改已编好的程序。在用同一把刀具进行粗、精加工时,设精加工余量为 Δ,则粗加工的补偿量为 $r+\Delta$,精加工的补偿量为 r(见图 4-14)。

G41 为刀具半径左补偿,即沿着刀具运动方向看(假设工件不动),刀具位于工件左侧时的刀具半径补偿,如图 4-15 所示。

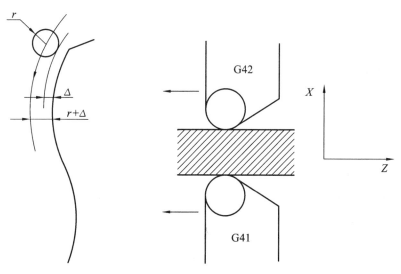

图4-14　粗、精加工补偿　　　　**图 4-15　刀具半径左、右补偿**

G42 为刀具半径右补偿,即沿着刀具运动方向看(假设工件不动),刀具位于工件右侧时的刀具半径补偿,如图 4-15 所示。

G40 为刀具半径补偿取消,使用该指令后,G41、G42 指令无效。

使用刀具半径补偿时,需要注意下面几个问题。

(1) 刀具半径补偿的加入。刀补程序段内必须有 G00 或 G01 才有效,并且偏移量补偿必须在一个程序段的执行过程中完成。刀具半径补偿加入的过程如图 4-16 所示,如果前面没有 G41、G42,可以不用 G40,直接加入 G41、G42 即可。

(2) 刀具半径补偿的执行。G41、G42 指令不能重复规定使用,即在前面使用了 G41 或 G42 指令之后,不能再直接使用 G41 或 G42 指令,若想使用,必须先用 G40 指令解除原补偿状态,再使用 G41 或 G42 指令。

(3) 刀具半径补偿的取消。在 G41、G42 程序段后面加入 G40 程序段就是取消刀具半径补偿。刀具半径补偿取消的过程如图 4-17 所示。刀具半径补偿取消 G40 程序段执行前,刀尖中心停留在前一程序段终点的垂直位置上,G40 程序段是刀具由终点退出的动作。

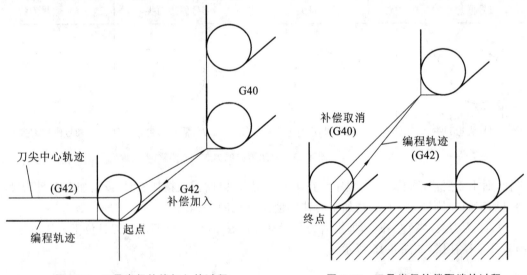

图 4-16　刀具半径补偿加入的过程　　　　　图 4-17　刀具半径补偿取消的过程

4.3.7　简单零件编程实例

【例 4-7】

图 4-18 所示为一个轴类零件,试编写此零件的加工程序。

刀具的选择及工件坐标系的建立:

(1) 93°外圆车刀,T0101;

(2) 3 mm 切断刀,T0202;

(3) 工件坐标系建立在右端面中心点处。

O4007;

N01 G40 G54;　　　　　　　　　　　　　取消刀具半径补偿,建立工件坐标系

N02 M03 S800;　　　　　　　　　　　　　主轴正转,主轴转速为 800 r/min

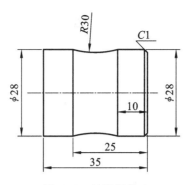

图 4-18　轴类零件 1

N03 G00 X30.0 Z50.0 T0101；	快速定位到 X30.0 Z50.0 处，换 1 号刀
N04 X24.0 Z1.0；	快速定位到 X24.0 Z1.0 处
N05 G01 X28.0 Z－1.0 F0.25 M08；	直线插补，加工 C1 倒角，进给速度为 0.25 mm/r，切削液开
N06 G02 X28.0 Z－25.0 R30.0 F0.15；	加工 R30 圆弧，进给速度为 0.15 mm/r
N07 G01 Z－40.0；	直线插补到 Z－40.0 处
N08 G00 X30.0；	快速定位到 X30.0 处
N09 Z50.0 T0202；	快速定位到 Z50.0 处，换 2 号刀
N10 Z38.0；	快速定位到 Z38.0 处
N11 G01 X1.0 F0.10；	切断，进给速度为 0.1 mm/r
N12 X30.0；	退刀到 X30.0 处
N13 G00 Z50.0 M09；	快速退刀到 Z50.0 处，切削液关
N14 M05；	主轴停止
N15 M30；	程序结束

【例 4-8】

图 4-19 所示为一个轴类零件，试编写此零件的加工程序。

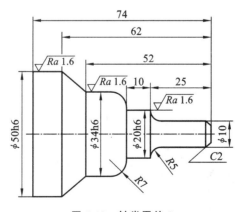

图 4-19　轴类零件 2

O4008；	
N01 G40 G54；	取消刀具半径补偿，建立工件坐标系
N02 M03 S800；	主轴正转，主轴转速为 800 r/min

N03 G00 X60.0 Z50.0 T0101;	快速定位到 X60.0 Z50.0 处,换 1 号刀
N04 X6.0 Z1.0;	快速定位到 X6.0 Z1.0 处
N05 G01 Z0.0 F0.25 M08;	直线插补,接近工件,进给速度为 0.25 mm/r,切削液开
N06 X10. Z−2.;	加工 C2 倒角
N07 G01 Z−20.0;	直线插补到 Z−20.0 处
N08 G02 X20.0 Z−25.0 R5.0 F0.15;	加工 R5 圆弧,进给速度为 0.15 mm/r
N09 G01 W−10.0;	加工 φ20 圆柱
N10 G03 X34.0 W−7.0 R7.0 F0.15;	加工 R7 圆弧,进给速度为 0.15 mm/r
N11 G01 Z−52.0 F0.10;	加工 φ34 圆柱,进给速度为 0.1 mm/r
N12 X50.0 Z−62.0;	加工锥面
N13 Z−74.0;	加工 φ50 圆柱
N14 G00 Z50.0 M09;	快速退刀到 Z50.0 处,切削液关
N15 M05;	主轴停止
N16 M30;	程序结束

4.4 车削循环

对数控车床来说,许多零件的轮廓表面加工余量较大,很难一刀完成加工,一般采用循环编程,这样可以缩短程序的长度,减少程序所占的内存。

下面介绍几种常用的车削循环指令。

4.4.1 内、外径切削循环(G90)

1. 圆柱面切削循环

格式:G90 X(U)_ Z(W)_ F_;

G90 走刀路线(圆柱面)如图 4-20 所示。

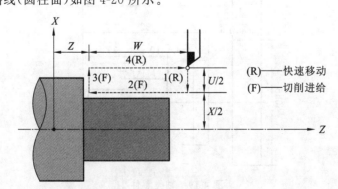

图 4-20 G90 走刀路线(圆柱面)

2. 圆锥面切削循环

格式:G90 X(U)_ Z(W)_ R_ F_ ;

说明:R 用来指令锥度切削,R 为半径差。

G90 走刀路线(圆锥面)如图 4-21 所示。

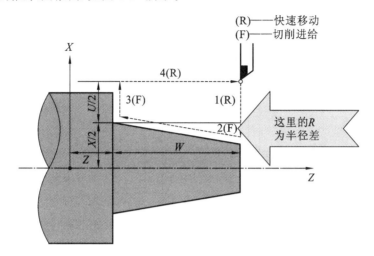

图 4-21 G90 走刀路线(圆锥面)

【例 4-9】

用 G90 指令编写图 4-22 所示零件的加工程序。

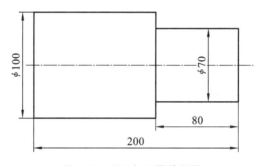

图 4-22 G90 加工零件图样

O4009；	
T0101；	刀具补偿
M03 S1000；	
G00 X105. Z5.；	
G90 X90. Z-80. F0.3；	调用内、外径切削循环
X85.；	重复调用内、外径切削循环
X80.；	
X75.；	
X70.；	切削到尺寸
G00 X100. Z100.；	
T0100；	取消刀具补偿
M05；	
M30；	

4.4.2　端面切削循环（G94）

【例 4-10】

用 G94 指令编写图 4-23 所示零件的加工程序。

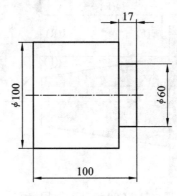

图 4-23　G94 加工零件图样

O4010；

T0101；　　　　　　　　　换 1 号刀，使用 1 号刀具补偿

M03 S1000；

G0 X105. Z5. ；

G94 X60. Z－5. F0.3；　　调用端面切削循环

Z－9. ；　　　　　　　　　重复调用端面切削循环

Z－13. ；

Z－17. ；　　　　　　　　　切削到尺寸

G0 X100. Z100. ；

T0100；　　　　　　　　　取消刀具补偿

M05；

M30；

4.4.3　复合形状内、外圆粗车循环（G71）

　　G71 用于一次指令完成径向进刀平行于轴向切削的全部粗加工。G71 走刀路线如图 4-24 所示。

　　格式：

　　G71 U(Δd) R(e)；

　　G71 P(ns) Q(nf) U(Δu) W(Δw) F(f) S(s) T(t)；

　　说明：

　　(1) ns：精加工程序的第一个程序段的顺序号。

　　(2) nf：精加工程序的最后一个程序段的顺序号。

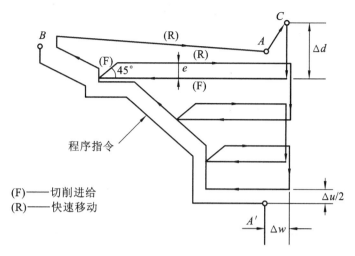

图 4-24　G71 走刀路线

（3）Δd：切削深度（半径指定），模态指令。

（4）e：退刀量，模态指令。

（5）Δu：X 轴方向的精加工余量。

（6）Δw：Z 轴方向的精加工余量。

G71 循环中 U 和 W 的符号如图 4-25 所示。

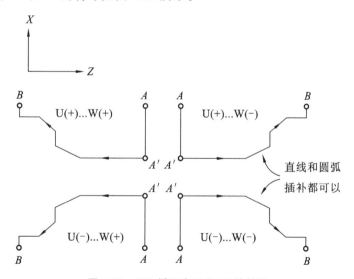

图 4-25　G71 循环中 U 和 W 的符号

【例 4-11】

用 G71 指令编写图 4-26 所示零件的加工程序，要求循环起点在（46,3），切削深度为 1.5 mm（半径量），退刀量为 1 mm，X 轴方向的精加工余量为 0.4 mm，Z 轴方向的精加工余量为 0.1 mm。

O4011；

N10 G54；　　　　　　　　　　　　　选定工件坐标系

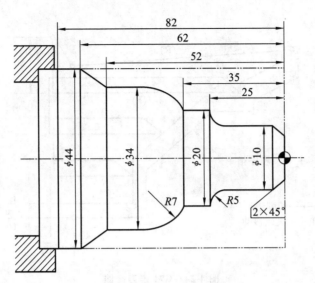

图 4-26 G71 加工零件图样

N20 G99；

N30 T0101；

N40 M03 S2000；　　　　　　　　　主轴正转

N50 G00 X46. Z3. ；　　　　　　　到循环起点

N60 G71 U1.5 R1. ；　　　　　　　外圆粗车循环加工

N70 G71 P80 Q170 U0.4 W0.1 F0.4；

N80 G00 X0；　　　　　　　　　　精加工轮廓起始行,到倒角延长线

N90 G01 X10. Z－2. F0.2；　　　　精加工 2×45°倒角

N100 Z－20. ；　　　　　　　　　精加工 ϕ10 外圆

N110 G02 U10. W－5.R5. ；　　　　精加工 R5 圆弧

N120 G01 W－10. ；　　　　　　　精加工 ϕ20 外圆

N130 G03 U14. W－7. R7. ；　　　精加工 R7 圆弧

N140 G01 Z－52. ；　　　　　　　精加工 ϕ34 外圆

N150 U10. W－10. ；　　　　　　　精加工外圆锥

N160 W－20. ；　　　　　　　　　精加工 ϕ44 外圆,精加工轮廓结束行

N170 X50. ；　　　　　　　　　　退出已加工表面

N180 G28；　　　　　　　　　　　返回参考点

N190 M05；　　　　　　　　　　　主轴停止

N200 M30；　　　　　　　　　　　程序结束

4.4.4 复合形状端面车削循环（G72）

G72 走刀路线如图 4-27 所示。

格式：

G72 W(Δd) R(e)；

G72 P(ns) Q(nf) U(Δu) W(Δw) F(f) S(s) T(t)；

说明：

（1）ns：精加工程序的第一个程序段的顺序号。

（2）nf：精加工程序的最后一个程序段的顺序号。

（3）Δd：切削深度（半径指定），模态指令。

（4）e：退刀量，模态指令。

（5）Δu：X 轴方向的精加工余量。

（6）Δw：Z 轴方向的精加工余量。

G72 循环中 U 和 W 的符号如图 4-28 所示。

【例 4-12】

用 G72 指令编写图 4-29 所示零件的加工程序，要求循环起点在（80,2），切削深度为 1.2 mm，退刀量为 1 mm，X 轴方向的精加工余量为 0.2 mm，Z 轴方向的精加工余量为 0.5 mm。

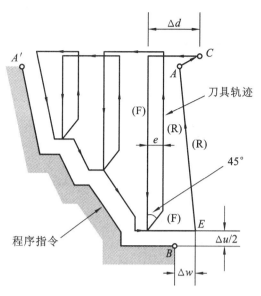

图 4-27　G72 走刀路线

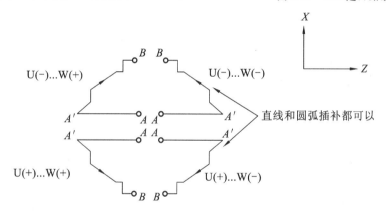

图 4-28　G72 循环中 U 和 W 的符号

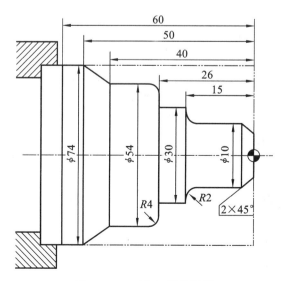

图 4-29　G72 加工零件图样

O4012；

N10 G54；　　　　　　　　　　　　选定工件坐标系

N20 G99；

N30 T0101；　　　　　　　　　　　换 1 号刀,确定坐标系

N40 G00 X100. Z80.；　　　　　　到程序起点或换刀点

N50 M03 S400；　　　　　　　　　主轴正转

N60 X80. Z2.；　　　　　　　　　　到循环起点

N70 G72 W1.2 R1.；　　　　　　　端面粗车循环加工

N80 G72 P110 Q210 U0.2 W0.5 F100；

N90 G00 X100. Z80.；　　　　　　粗加工后,到换刀点

N100 G42 X80. Z1.；　　　　　　　加入刀尖圆弧半径补偿

N110 G00 Z−56.；　　　　　　　　精加工轮廓开始,到锥面延长线

N120 G01 X54. Z−40. F80；　　　精加工锥面

N130 Z−30.；　　　　　　　　　　精加工 ϕ54 外圆

N140 G02 U−8. W4. R4.；　　　　精加工 R4 圆弧

N150 G01 X30.；

N160 Z−15.；　　　　　　　　　　精加工 ϕ30 外圆

N170 U−16.；

N180 G03 U−4. W2. R2.；　　　　精加工 R2 圆弧

N190 Z−2.；　　　　　　　　　　精加工 ϕ10 外圆

N200 U−4. W2.；　　　　　　　　精加工 2×45°倒角,精加工轮廓结束

N210 G00 X50.；　　　　　　　　　退出已加工表面

N220 G40 X100. Z80.；　　　　　　取消半径补偿,返回程序起点

N230 G28；　　　　　　　　　　　返回参考点

N240 M05；　　　　　　　　　　　主轴停止

N250 M30；　　　　　　　　　　　程序结束

4.4.5　成型加工复式循环(G73)

本功能用于重复切削一个逐渐变换的固定形式,用本循环,可有效地切削一个用粗加工锻造或铸造等方式已经加工成型的工件。G73 走刀路线如图 4-30 所示。

格式:

G73 U(△i) W(△k) R(d)；

G73 P(ns) Q(nf) U(△u) W(△w) F(f) S(s) T(t)；

说明:

(1) △i:X 轴方向的退刀距离(半径指定)。

(2) △k:Z 轴方向的退刀距离(半径指定)。

(3) d:分割次数,与粗加工重复次数相同。

(4) ns:精加工程序的第一个程序段的顺序号。

(5) nf:精加工程序的最后一个程序段的顺序号。

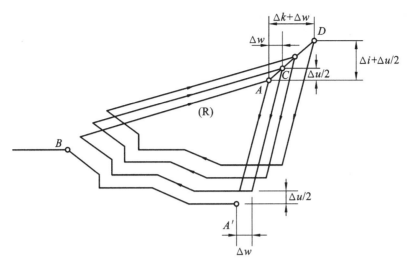

图 4-30　G73 走刀路线

（6）△u：X 轴方向的精加工余量。

（7）△w：Z 轴方向的精加工余量。

【例 4-13】

用 G73 指令编写图 4-31 所示零件的加工程序。设粗加工分三刀进行，第一刀后余量（X 向和 Z 向）均为单边 14 mm，三刀过后，留给精加工的余量 X 向为 4.0 mm，Z 向为 2.0 mm；粗加工进给量为 0.3 mm/r，主轴转速为 500 r/min；精加工进给量为 0.15 mm/r，主轴转速为 800 r/min。

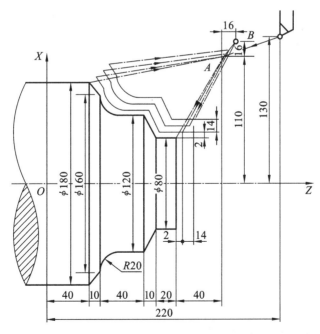

图 4-31　G73 加工零件图样

O4013；

N05 G50 X260.0 Z220.0；

N10 G00 X220.0 Z160.0 M03 S800；

N15 G73 U14.0 W14.0 R3.0；

N16 G73 P20 Q45 U4.0 W2.0 F0.30 S500；

N20 G00 X80.0 W−40.0 S800；

N25 G01 W−20.0 F0.15；

N30 X120.0 W−10.0；

N35 W−20.0；

N40 G02 X160.0 W−20.0 R20.0；

N45 G01 X180.0 W−10.0；

N50 G70 P20 Q45；

N55 G00 X260.0 Z220.0；

N60 M05；

N65 M30；

4.4.6　复合形状精车循环（G70）

用 G71、G72 或 G73 粗车后，可用 G70 精车。

格式：G70 P(ns) Q(nf)；

说明：

（1）ns：精加工程序的第一个程序段的顺序号。

（2）nf：精加工程序的最后一个程序段的顺序号。

4.4.7　其他复合形状循环（G74、G75）

1. 端面深孔钻削循环（G74）

G74 的加工轨迹如图 4-32 所示。

格式：

G74 R(e)；

G74 X(U) Z(W) P(Δi) Q(Δk) R(Δd) F(f) S(s)；

说明：

（1）R(e)：返回值（每次切削的间隙）。

（2）X(U)：需要切削的最终凹槽直径。

（3）Z(W)：孔深。

（4）P(Δi)：每次切削的深度（没有符号）。

（5）Q(Δk)：每次钻削的距离（没有符号）。

（6）R(Δd)：刀具在切削底部的退刀量。

（7）F(f)：进给速度。

（8）S(s)：主轴转速。

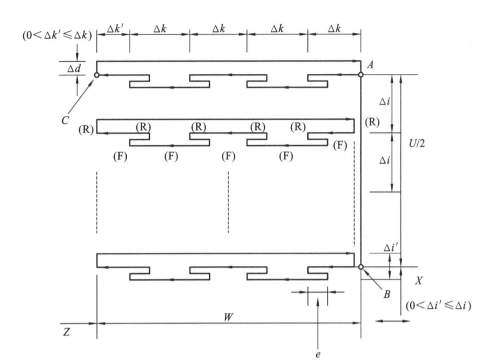

图 4-32　G74 的加工轨迹

注意:

(1) 当 e 和 Δd 都由地址 R 规定时,其意义由地址 X(U)决定,当指定 X(U)时,就使用 Δd。

(2) 有 X(U)的 G74 指令执行循环加工。

【例 4-14】

用 G74 指令编写图 4-33 所示零件的切槽(切槽刀刀宽为 3 mm)及钻孔的加工程序。

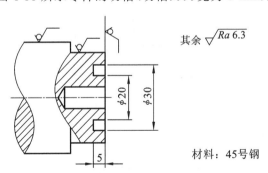

其余 $\sqrt{Ra\,6.3}$

材料:45号钢

图 4-33　G74 加工零件图样

......

N20 G00 X27.0 Z1.0 S600;

N25 G74 R0.3;

N30 G74 X20.0 Z−5.0 P1000 Q2000 F0.1;　　端面切槽循环

N35 G28 U0 W0;　　返回参考点

N40 T0202；

N45 G00 X0.0 Z1.0；

N50 G74 R0.3；

N55 G74 Z－28.0 Q5000 F0.08；　　　　　钻孔循环

N60 G28 U0 W0；

N65 M30；

2．内、外径钻削循环（G75）

G75 的加工轨迹如图 4-34 所示。

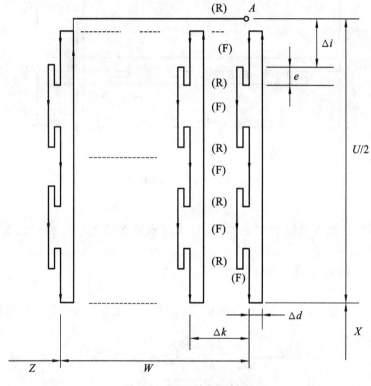

图 4-34　G75 的加工轨迹

G75 循环用于非精加工，可以实现断屑、X 向切槽、X 向排屑钻孔。

格式：

G75 R(e)；

G75 X(U) Z(W) P(Δi) Q(Δk) R(Δd) F(f)；

说明：

（1）R(e)：返回值（每次切削的间隙）。

（2）X(U)：需要切削的最终凹槽直径。

（3）Z(W)：孔深。

（4）P(Δi)：每次切削的深度（没有符号）。

（5）Q(Δk)：每次钻削的距离（没有符号）。

（6）R(Δd)：刀具在切削底部的退刀量。

(7) F(f):进给速度。

【例 4-15】

用 G75 指令编写图 4-35 所示零件的切槽(切槽刀刀宽为 3 mm)的加工程序。由于切槽刀在对刀时以刀尖点 M 作为 Z 向对刀点,而切槽时由刀尖点 N 控制长度尺寸 25 mm,因此,G75 循环起点的 Z 向坐标为－25－3(刀宽)＝ －28。

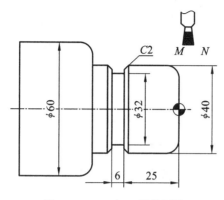

图 4-35　G75 加工零件图样

......

N20 G00 X42.0 Z－28.0 S600;	快速定位至切槽循环起点
N25 G75 R0.3;	
N30 G75 X32.0 Z－31.0 P1500 Q2000 F0.08;	切槽
N35 G01 X40.0 Z－26.0;	
N40 X36.0 Z－28.0;	车削右倒角
N45 Z－31.0;	
N50 X40.0 Z－33.0;	用刀尖 M 车削左倒角
N55 G00 X100.0 Z100.0;	
N60 M30;	

3. G74 和 G75 循环的基本规则

(1) 两个循环中的 X 和 Z 可以使用绝对坐标,也可以使用增量坐标。

(2) 两个循环都可以自动退刀。

(3) 可以忽略退刀量。

(4) 返回值(每次切削的间隙)只用于双程序段格式中,否则由控制系统内部参数设定。

(5) 如果程序中既有返回值,也有退刀量,那么由 X 决定它们的含义。如果程序中包括 X,那么 R 表示退刀量。

4.4.8　螺纹切削(G32、G92、G76)

1. 单行程螺纹切削(G32)

G32 可以完成单行程螺纹切削,车刀进给运动严格按照输入的螺纹导程进行。

格式:G32 X(U)＿ Z(W)＿ F_;

说明:F 为螺纹导程。

对于锥螺纹,如图 4-36 所示,$\alpha < 45°$ 时,螺纹导程以 Z 轴方向指定;$45° \leqslant \alpha < 90°$ 时,螺纹导程以 X 轴方向指定。

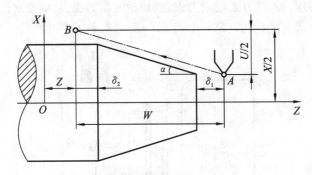

图 4-36 锥螺纹切削(G32)

切削螺纹时,应注意在两端设置足够的升速进刀段 δ_1 和降速退刀段 δ_2。

【例 4-16】

如图 4-37 所示,锥螺纹导程为 3.5 mm,$\delta_1 = 2$ mm,$\delta_2 = 1$ mm,每次进给的背吃刀量为 1 mm,试用 G32 指令编写锥螺纹的加工程序。

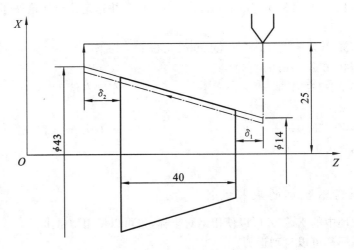

图 4-37 G32 加工锥螺纹图样

N05 G00 X12.0 ;

N10 G32 X41.0 W−43.0 F3.5;

N15 G00 X50.0;

N20 W43.0;

N25 X10.0;

N30 G32 X39.0 W−43.0;

N35 G00 X50.0;

N40 W43.0;

如果螺纹牙型较深,螺距较大,可分几次进给,每次进给的背吃刀量用螺纹深度减去精加工背吃刀量所得的差按递减规律分配。常用螺纹切削的进给次数与背吃刀量如表 4-2 所示。

表 4-2　常用螺纹切削的进给次数与背吃刀量（mm）

米 制 螺 纹

螺距/mm		1.0	1.5	2.0	2.5	3.0	3.5	4.0
牙深/mm		0.649	0.974	1.299	1.624	1.949	2.273	2.598
进给次数与背吃刀量	1 次	0.7	0.8	0.9	1.0	1.2	1.5	1.5
	2 次	0.4	0.6	0.6	0.7	0.7	0.7	0.8
	3 次	0.2	0.4	0.6	0.6	0.6	0.6	0.6
	4 次		0.16	0.4	0.4	0.4	0.6	0.6
	5 次			0.1	0.4	0.4	0.4	0.4
	6 次				0.15	0.4	0.4	0.4
	7 次					0.2	0.2	0.4
	8 次						0.15	0.3
	9 次							0.2

英 制 螺 纹

牙/in		24	18	16	14	12	10	8
牙深/mm		0.678	0.904	1.016	1.162	1.355	1.626	2.033
进给次数与背吃刀量	1 次	0.8	0.8	0.8	0.8	0.9	1.0	1.2
	2 次	0.4	0.6	0.6	0.6	0.6	0.7	0.7
	3 次	0.16	0.3	0.5	0.5	0.6	0.6	0.6
	4 次		0.11	0.14	0.3	0.4	0.4	0.5
	5 次				0.13	0.21	0.4	0.5
	6 次						0.16	0.4
	7 次							0.17

2. 螺纹切削固定循环（G92）

格式：G92 X(U)_ Z(W)_ I_ F_；

说明：X(U)、Z(W)为螺纹切削终点的坐标值，I 为螺纹部分的半径差，即螺纹切削起点与切削终点的半径差。加工圆柱螺纹时，I＝0。加工圆锥螺纹时，当 X 向切削起点坐标小于切削终点坐标时，I 为负，反之为正。

【例 4-17】

图 4-38 所示为一个含有螺纹的零件，试用 G92 指令编写螺纹的加工程序。

根据经验可知，螺距为 2 mm 的螺纹背吃刀量为 0.9 mm、0.6 mm、0.6 mm、0.4 mm、0.1 mm。

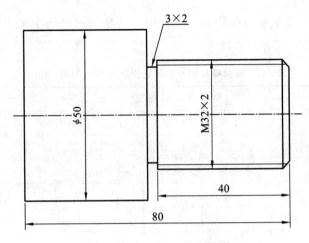

图 4-38　G92 加工零件图样

O4017；	
T0101；	换 1 号刀,刀具补偿
M03 S600；	主轴正转
G00 X55. Z3.；	快速定位到螺纹循环起点
G92 X31.1 Z－42. F2.0；	调用切削螺纹循环
X30.5；	重复调用切削螺纹循环
X29.9；	
X29.5；	
X29.4；	切削螺纹到尺寸
G00 X60.Z50.；	
T0100；	取消刀具补偿
M05；	主轴停止
M30；	程序结束

3. 螺纹切削复合固定循环(G76)

格式:

G76 P(m)(r)(a) Q(Δd_{min}) R(d)；

G76 X(U) Z(W) R(i) P(k) Q(Δd) F(f)；

说明:

(1) m:精加工重复次数。

(2) r:倒角量。

(3) a:刀尖角度,可选择 $80°$、$60°$、$55°$、$30°$、$29°$、$0°$,用两位数指定。

(4) Δd_{min}:最小切削深度。

(5) i:螺纹部分的半径差。

(6) k:螺纹高度,在 X 轴方向用半径值指定。

(7) Δd:第一次的切削深度(半径值)。

【例 4-18】

如图 4-39 所示,螺纹的加工程序如下:

G80 G00 X80.0 Z130.0;

G76 P011060 Q100 R200;

G76 X55.564 Z25.0 P3680 Q1800 F6.0;

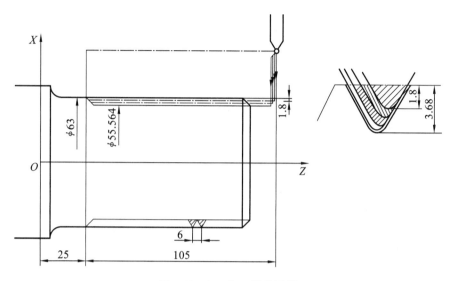

图 4-39　G76 加工零件图样

4.4.9　钻孔固定循环(G80～G89)

通常的编程方法,钻孔操作需要几个程序段,用钻孔固定循环只需要一条指令,从而使编程大大简化。FANUC 0i 系统钻孔固定循环如表 4-3 所示。

表 4-3　FANUC 0i 系统钻孔固定循环

G 代码	钻孔轴	孔加工操作(－向)	孔底位置操作	回退操作(＋向)	应用
G80					取消
G83	Z 轴	切削进给/断续	暂停	快速移动	正钻循环
G84	Z 轴	切削进给	主轴反转	切削进给	正攻丝循环
G85	Z 轴	切削进给		切削进给	正镗循环
G87	X 轴	切削进给/断续	暂停	快速移动	侧钻循环
G88	X 轴	切削进给	主轴反转	切削进给	侧攻丝循环
G89	X 轴	切削进给	暂停	切削进给	侧镗循环

1. 钻孔循环操作

钻孔循环操作通常包括以下 6 项操作(见图 4-40)。

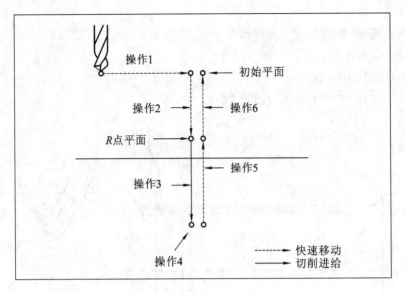

图 4-40 钻孔循环操作

（1）操作 1：快速定位至初始点。

（2）操作 2：快速移动至 R 点平面。

（3）操作 3：孔加工。

（4）操作 4：孔底操作。

（5）操作 5：退刀至 R 点平面。

（6）操作 6：快速移动至初始点。

初始平面为安全进刀的一个平面。初始平面到零件表面的距离可以任意设定。使用 G98 时，刀具返回到初始平面。

R 点平面又称为 R 参考平面。此平面是由快进改为工进的平面，距离工件表面一般为 $2\sim5$ mm。使用 G99 时，刀具返回到 R 点平面。

加工盲孔时，孔底平面就是孔底的 Z 轴高度；加工通孔时，刀具一般要伸出工件底面一段距离。

2. 固定循环代码

1）返回平面（G98、G99）

G98 指定刀具从孔底返回到初始平面，G99 指定刀具从孔底返回到 R 点平面，如图 4-41 所示。通常，G99 用于第一次钻孔操作，G98 用于最后一次钻孔操作。

2）钻孔指令格式

格式：G_ X(U)_ C(H)_ Z(W)_ R_ Q_ P_ F_ M_ K_；

说明：

（1）X_ C_ 或 Z_ C_：孔位数据。

（2）Z 或 X：点 R 到孔底的距离。

（3）R：初始平面到 R 点平面的距离。

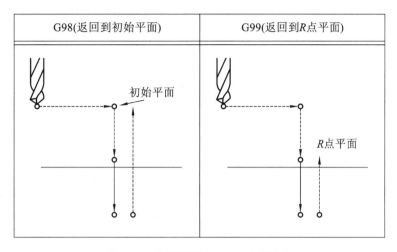

图 4-41　返回平面（**G98**、**G99**）示意图

（4）Q：每次切削的深度。

（5）P：孔底暂停时间。

（6）F：切削进给速度。

（7）K：重复次数（如果需要的话）。

（8）M：C 轴夹紧的 M 代码（需要时）。

3）钻孔循环的注意事项

（1）G83、G85、G87、G89 是模态代码，保持有效直至其被取消。当其有效时，其状态是钻孔方式。在钻孔方式下，钻孔数据一旦指定，就保持不变，直至被修改或取消。在固定循环开始时，指定所有必需的钻孔数据，当固定循环执行时，只指定修改数据。

（2）循环之前，必须用辅助功能 M03 使主轴旋转。

（3）在每个固定循环中，R（初始平面和 R 点平面之间的距离）总是作半径值处理。Z 或 X（点 R 和孔底之间的距离）是作直径值处理还是作半径值处理，取决于规格。

（4）操作时，若利用复位或急停按钮使数控装置停止，固定循环加工和加工数据仍然被存储着，所以再次开始加工时，应该使固定循环剩余动作进行到结束。

（5）用 G80 取消钻孔固定循环。当程序中出现代码 G00、G01、G02、G03 时，循环加工方式及加工数据也全部被取消。

3. 钻孔固定循环指令

1）正钻循环（G83）和侧钻循环（G87）

（1）高速深孔钻循环（G83、G87）。

此循环执行高速深孔钻循环，以切削进给速度钻孔，以指定的回退距离回退，周期性地重复进行这样的循环直至孔底，在回退时把切屑排出孔外，如图 4-42 所示。

格式：

G83 X（U）＿ C（H）＿ Z（W）＿ R＿ Q＿ P＿ F＿ M＿ K＿ ；

或 G87 Z（W）＿ C（H）＿ X（U）＿ R＿ Q＿ P＿ F＿ M＿ K＿ ；

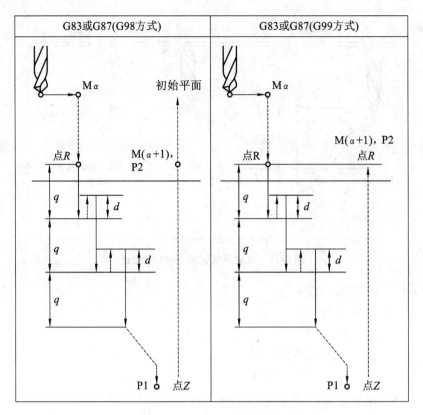

G83或G87(G98方式)	G83或G87(G99方式)

图 4-42　高速深孔钻循环

Mα—C轴夹紧的 M 代码；M(α+1)—C 轴松开的 M 代码；

P1—程序中指定的暂停；P2—参数 5111 号中设定的暂停；d—参数 5114 号中设定的回退距离

说明：

① X_ C_或 Z_ C_：孔位数据。

② Z 或 X：点 R 到孔底的距离。

③ R：初始平面到 R 点平面的距离。

④ Q：每次切削的深度。

⑤ P：孔底暂停时间。

⑥ F：切削进给速度。

⑦ K：重复次数（如果需要的话）。

⑧ M：C 轴夹紧的 M 代码（需要时）。

（2）普通深孔钻循环（G83、G87）。

普通深孔钻循环如图 4-43 所示。

格式：

G83 X(U)_ C(H)_ Z(W)_ R_ Q_ P_ F_ M_ K_；

或 G87 Z(W)_ C(H)_ X(U)_ R_ Q_ P_ F_ M_ K_；

说明：

① X_ C_或 Z_ C_：孔位数据。

② Z 或 X：点 R 到孔底的距离。

③ R：初始平面到 R 点平面的距离。

④ Q：每次切削的深度。

⑤ P：孔底暂停时间。

⑥ F：切削进给速度。

⑦ K：重复次数（如果需要的话）。

⑧ M：C 轴夹紧的 M 代码（需要时）。

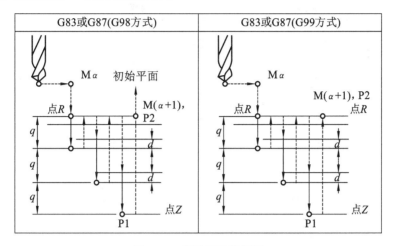

图 4-43　普通深孔钻循环

Mα—C 轴夹紧的 M 代码；M(α+1)—C 轴松开的 M 代码；

P1—程序中指定的暂停；P2—参数 5111 号中设定的暂停；d—参数 5114 号中设定的回退距离

【例 4-19】

| M51； | 设定 C 轴分度方式 |

M51；　　　　　　　　　　　　　　　　设定 C 轴分度方式

M03 S2000；　　　　　　　　　　　　　转动主轴

G00 X50.0 C0.0；　　　　　　　　　　沿 X 轴和 C 轴定位主轴

G83 Z−40.0 R−5.0 Q5000 F5.0 M31；　钻孔 1

C90.0 Q5000 M31；　　　　　　　　　钻孔 2

C180.0 Q5000 M31；　　　　　　　　　钻孔 3

C270.0 Q5000 M31；　　　　　　　　　钻孔 4

G80 M05；　　　　　　　　　　　　　取消钻孔循环

M50；　　　　　　　　　　　　　　　取消 C 轴分度方式

2）正攻丝循环（G84）和侧攻丝循环（G88）

该循环执行攻丝，当到达孔底时，主轴反转，如图 4-44 所示。主轴正转执行攻丝，到达孔底时主轴反向旋转退回，这样就形成了螺纹。

格式：

G84 X(U)_ C(H)_ Z(W)_ R_ Q_ P_ F_ M_ K_；

或 G88 Z(W)_ C(H)_ X(U)_ R_ Q_ P_ F_ M_ K_；

说明：

（1）X_ C_或 Z_ C_：孔位数据。

(2) Z 或 X：点 R 到孔底的距离。

(3) R：初始平面到 R 点平面的距离。

(4) Q：每次切削的深度。

(5) P：孔底暂停时间。

(6) F：切削进给速度。

(7) K：重复次数（如果需要的话）。

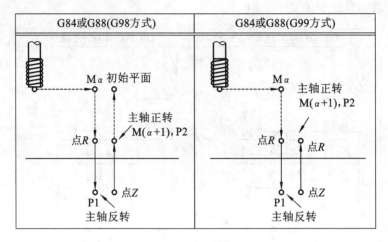

图 4-44　正攻丝循环（G84）和侧攻丝循环（G88）

【例 4-20】

M51；	设定 C 轴分度方式
M03 S2000；	转动主轴
G00 X50.0 C0.0；	沿 X 轴和 C 轴定位主轴
G84 Z−40.0 R−5.0 P5000 F5.0 M31；	钻孔 1
C90.0 M31；	钻孔 2
C180.0 M31；	钻孔 3
C270.0 M31；	钻孔 4
G80 M05；	取消钻孔循环
M50；	取消 C 轴分度方式

3）正镗循环（G85）和侧镗循环（G89）

此循环用于镗孔，在定位后，快速移动到 R 点，从 R 点到 Z 点执行钻孔，在刀具到达 Z 点后，快速返回到 R 点，如图 4-45 所示。

格式：

G85 X(U)_ C(H)_ Z(W)_ R_ Q_ P_ F_ M_ K_；

或 G89 Z(W)_ C(H)_ X(U)_ R_ Q_ P_ F_ M_ K_；

说明：

(1) X_ C_或 Z_ C_：孔位数据。

(2) Z 或 X：点 R 到孔底的距离。

(3) R：初始平面到 R 点平面的距离。

数据车床编程与操作

（4）Q：每次切削的深度。

（5）P：孔底暂停时间。

（6）F：切削进给速度。

（7）K：重复次数（如果需要的话）。

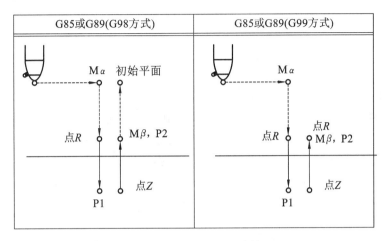

图 4-45　正镗循环（G85）和侧镗循环（G89）

4）取消钻孔固定循环（G80）

G80 用于取消钻孔固定循环。在钻孔固定循环取消后，执行正常操作，清除 R 点和 Z 点，其他钻孔数据也被取消（被清除）。

格式：G80；

4.4.10　复合形状零件编程实例

【例 4-21】

轴件如图 4-46 所示，车削端面及外轮廓，并切断。

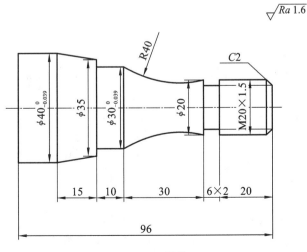

图 4-46　轴件 1

毛坯:ϕ45 mm×130 mm。

零件分析:该零件由圆弧面、圆柱面、圆锥面和螺纹组成,用普通车床加工难以控制精度,适合采用数控车床加工。工件坐标系原点设在工件右端面与工件的回转轴线的交点处。

换刀点:换刀点设在工件尺寸之外。

工序:粗车外圆→精车外圆→车槽→车螺纹→切断。

O4021;	
N5 G54 G99 G00 X100.0 Z200.0;	设置工件原点在工件右端面,快速定位到换刀点
N10 T0101;	换1号刀
N15 G50 S1500;	限制最高主轴转速为1500 r/min
N20 G96 S80 M03;	设置切削速度为80 m/min
N25 G00 X50.0 Z0;	定位到车端面起始点
N30 G01 X−1.0 F0.1;	车端面
N35 G00 Z10.0;	轴向退刀
N40 X50.0;	
N45 G00 G42 X47.0 Z5.0;	快速定位到外圆粗车起始点(47,5),刀尖半径右补偿
N50 G71 U2.0 R1.0;	粗车外圆循环(留精车余量0.2 mm)
N60 G71 P80 Q150 U0.4 W0.2 F0.2;	
N70 G00 X10.0 Z3.0;	定位到精车起始点(10,3)
N80 G01 X20.0 Z−2.0 F0.08;	倒角
N90 G01 X20.0 Z−26.0 F0.08;	车外圆
N100 G02 X30.0 W−30.0 R40.0;	车圆弧
N110 G01 W−10.0;	车外圆
N120 X35.0;	车台阶面
N130 X40.0 W−15.0;	车锥面
N140 Z−101.0;	车外圆
N150 X47.0;	径向退刀
N160 G70 P80 Q150;	精车循环
N170 G00 G40 X100.0 Z200.0;	快速回到换刀点,取消半径补偿
N180 T0202;	换2号刀
N190 G00 X25.0 Z−26.0;	定位到切槽起始点
N200 G01 X16.0 F0.08;	切槽(第1刀)
N210 G04 P1000;	刀停1秒(使槽底光滑)
N220 G00 X25.0;	快速退刀
N230 W3.0;	
N240 G01 X16.0 F0.08;	切槽(第2刀)
N250 G04 P1000;	刀停1秒(使槽底光滑)
N260 G00 X25.0;	快速退刀

N270 G00 X100.0 Z200.0；

N280 G97 S800；

N290 T0303；　　　　　　　　　　　　换 3 号刀

N300 G96 S30；

N310 G00 X20.0 Z8.0；　　　　　　　　定位到车螺纹起始点

N320 G92 X19.2 Z−23.0 F1.5；　　　　车螺纹，走刀 1 次

N330 X18.7；　　　　　　　　　　　　车螺纹，走刀 2 次

N340 X18.3；　　　　　　　　　　　　车螺纹，走刀 3 次

N350 X18.05；　　　　　　　　　　　　车螺纹，走刀 4 次

N360 G00 X100.0 Z200.0；

N370 T0202；　　　　　　　　　　　　换 2 号刀

N380 G96 S60；

N390 G00 X50.0 Z−100.0；　　　　　　定位到切断起始点

N400 G01 X−1.0 F0.08；　　　　　　　切断

N410 G04 P1000；　　　　　　　　　　刀停 1 秒

N420 G00 W5.0；

N430 X100.0 Z200.0；　　　　　　　　回到换刀点

N440 T0200；　　　　　　　　　　　　取消刀补

N450 M30；

【例 4-22】

轴件如图 4-47 所示，车削端面、外轮廓和内轮廓，并切断。

毛坯：ϕ50 mm×120 mm。

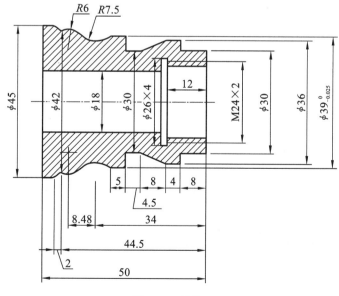

图 4-47　轴件 2

O4022；

M03 S1500；	主轴正转，主轴转速为 1500 r/min
T0101；	换 1 号刀
G00 X52. Z2.；	快速定位到精车循环起点
G71 U2.5 R1.；	粗车循环
G71 P1 Q2 U0.6 W0.3 F0.3；	
N1 G01 X30. Z2.；	
Z-8.；	
X36.；	
Z-12.；	
X30. Z-20.；	
Z-24.5；	
X39.；	
Z-29.5；	
G02 X37. Z-37. R7.5；	
G03 X43. Z-42.48 R6.；	
G01 X42. Z-44.5；	
X45. Z-46.5；	
N2 Z-50.；	
G00 X100. Z100.；	快速定位到换刀点
T0202；	换 2 号刀
G00 X26. Z2.；	快速定位到内轮廓加工起点
G01 Z-12.；	加工内轮廓
Z2.；	
G00 X100. Z100.；	快速定位到换刀点
T0303；	换 3 号刀
G00 X24. Z2.；	
G01 Z-14.；	加工内螺纹退刀槽
X28.；	
X24.；	
Z2.；	
G00 X100. Z100.；	
T0404；	换 4 号刀
G00 X26. Z1.；	
G92 X26.5 Z-13. F2.；	螺纹切削循环
X27. Z-13.；	
X27.5 Z-13.；	
X28. Z-13.；	
X28.6 Z-13.；	螺纹加工完成
G00 X100. Z100.；	快速定位到换刀点

M05；

M30；

【例 4-23】

图 4-48 所示为一个带有螺纹及螺纹退刀槽的轴件,试用外径粗加工循环编制该轴件的加工程序。

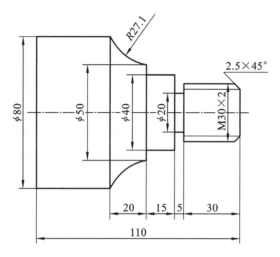

图 4-48　轴件 3

O4023；

G54；   选定工件坐标系

G97 M03 S1500；   主轴正转

G00 X100.0 Z100.0 T0101；   快速定位,换 1 号刀

G00 X82.0 Z2.0；   快速定位到循环起点位置

G71 U2.5 R1.0；   粗车循环

G71 P1 Q2 U0.6 W0.3 F150；

N1 G00 X21.0 Z2.0；   快速定位

G01 X30.0 Z−2.5 F100；   精加工开始

Z−35.0；   精加工

X40.0；   精加工

Z−50.0；   精加工

X50.0；   精加工

G02 X80.0 Z−70.0 R27.1 F150；   精加工

N2 G01 Z−110.0；   精加工结束

G70 P1 Q2；   精车循环

G00 X100.0 Z100.0 T0202；   快速定位,换 2 号刀

X42.0 Z−35.0；

G01 X20.0；   直线插补

X35.0；

G00 X100.0 Z100.0 T0303；　　　　快速定位,换 3 号刀
X32.0 Z3.0；
G92 X29.2 Z－32.5 F2.0；　　　　螺纹加工循环
X28.4；
X27.8；
X27.4；
G00 X100.0 Z100.0；　　　　　　快速定位
G28；　　　　　　　　　　　　　返回参考点
M05；　　　　　　　　　　　　　主轴停止
M30；　　　　　　　　　　　　　程序结束

4.5　子程序与宏程序

4.5.1　子程序

子程序调用指令为 M98,返回指令为 M99。

1. 格式

M98 P_；
说明:P 给出子程序号。
例如:
O0001；主程序
　　⋮
M98 P9001 ;调用子程序
　　⋮
M30；主程序结束
O9001；子程序
　　⋮
M99；

2. 自定义子程序调用与子程序结束

通过设置参数可以使用 1 到 99999999 之间的任何一个 M 代码来调用子程序,使用方法如同 M98,如 M25、M21205 等。这些参数是 6071 到 6079,每一个参数设置一个调用固定程序号的子程序的 M 代码。

M99 表示子程序结束,放在子程序的最后一行。

参数号和程序号的对应关系如表 4-4 所示。

表 4-4　参数号与程序号的对应关系

参　数　号	程　序　号	参　数　号	程　序　号	参　数　号	程　序　号
6071	O9001	6075	O9005	6079	O9009
6072	O9002	6076	O9006		
6073	O9003	6077	O9007		
6074	O9004	6078	O9008		

4.5.2　子程序实例

【例 4-24】

用子程序编写图 4-49 所示零件的加工程序。已知毛坯直径为 32 mm，长度为 77 mm，1 号刀为外圆车刀，3 号刀为切断刀，宽度为 2 mm。

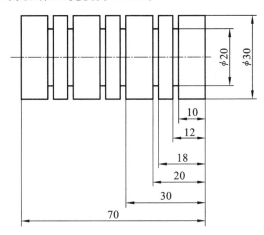

图 4-49　子程序加工零件图样

主　程　序	子　程　序
O4024；	O0015；
N001 G50 X150.0 Z100.0；	N101 G00 W−12.0；
N002 M03 S800 M08；	N102 G01 U−12.0 F0.15；
N003 G00 X35.0 Z0；	N103 G04 X1.0；
N004 G01 X0 F0.3；	N104 G00 U12.0；
N005 G00 X30.0 Z2.0；	N105 W−8.0；
N006 G01 Z−55.0 F0.3；	N106 G01 U−12.0 F0.15；
N007 G00 X150.0 Z100.0；	N107 G04 P1500；
N008 X32.0 Z0 T03；	N108 G00 U12.0；
N009 M98 P0015；	N109 M99；
N010 G00 W−12.0；	
N011 G01 X0 F0.12；	
N012 G04 X2.0；	
N013 G00 X150.0 Z100.0 M09；	
N014 M30；	

4.5.3 宏程序

1. 概述

1）概念

宏程序一般是指含有变量的程序，宏程序由宏程序体和程序中调用宏程序的指令构成，主要用于抛物线、椭圆等数控系统没有插补指令的轮廓曲线的编程。

用户宏程序有两个要点。

（1）在宏程序中存在变量。

（2）宏程序能依据变量完成具体的操作。

这就使得编制加工程序更方便、更容易，可以大大简化程序，还可以扩展数控机床的应用范围。

2）特点

（1）在宏程序中可以进行变量的算术运算、逻辑运算和函数的混合运算，还可以使用循环语句、分支语句和子程序调用语句。

（2）宏程序能依据变量，用事先指定的变量代替地址后面直接给出的数值，在调用宏程序或宏程序本身执行时，得到计算好的变量值。

（3）宏程序通用性强、灵活方便，一个宏程序可以描述一种曲线，曲线的各种参数用变量表示，在调用时再按要求指定。

3）基本原理

用户宏指令编程是指用户用变量作为数据进行编程，变量在编程中充当"媒介"，已在程序中赋值的变量，在后续程序中可以重新赋值，原来的内容被新的赋值取代，利用系统对变量值进行计算和可以重新赋值的特性，使变量随程序的循环自动增加并计算，实现加工过程的自动循环，使之自动计算出整条曲线的无数个密集坐标值，从而用很短的直线或圆弧逼近理想的轮廓曲线。

4）基本方法

（1）将变量赋初值，也就是将变量初始化。

（2）编制加工程序，若程序较复杂，用的变量多，可设子程序，使主程序更简练。

（3）修改赋值变量。

（4）语句判断是否加工完毕，若否，则返回继续执行加工程序，若是，则程序结束。

宏程序编制如图 4-50 所示。

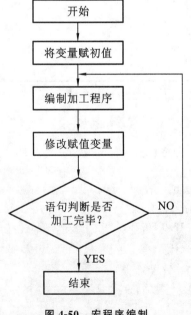

图 4-50　宏程序编制

2．算术与逻辑运算

(1) 常量:PI(圆周率 π)、TRUE(真)、FALSE(假)。

(2) 算术运算符:"+""−""＊""/"。

(3) 条件运算符:EQ(＝)、NE(≠)、GT(＞)、GE(≥)、LT(＜)、LE(≤)。

(4) 逻辑运算符:AND(与)、OR(或)、NOT(非)。

(5) 函数:SIN(正弦)、COS(余弦)、TAN(正切)、ATAN(反正切)、ABS(绝对值)、SQRT(开平方根)、INT(取整数)、SIGN(取符号)。

3．变量与赋值

1）变量表示法

用一个可赋值的代号"♯i"(i＝1,2,3,4…)来代替具体的坐标值或数据,这个代号"♯i"就称为变量。

变量用变量符号"♯"作为变量的标志,后续数值用于区分各变量,后续数值不允许带小数点。

2）变量的引用

当用表达式指定变量时,要把表达式放在中括号里面。被引用的变量的值根据地址的最小设定单位自动地舍入。

3）变量表达式

用运算符连接起来的常数、宏变量称为变量表达式。变量表达式必须用中括号括起来。

4）赋值表示法

赋值符号为"＝",其左边是被赋值的变量,右边是一个数值表达式。

4．宏变量

1）循环嵌套

一个循环体内又包含另一个完整的循环结构,称为循环嵌套。内嵌的循环中还可以嵌套循环,称为多层循环。循环嵌套是编写宏程序时常用的格式。

2）局部变量

在一个复合语句内定义的变量是局部变量,它们只在本复合语句内有效,也就是说,只有在本复合语句内才能使用它们。

3）全局变量

一个程序文件中可以包含一个或若干个循环语句,在一个循环语句内定义的变量是局部变量,而在循环语句之外定义的变量称为外部变量,外部变量是全局变量。全局变量可以为该文件中的其他变量所共用。

5．宏程序的调用

一个较大的宏程序一般由若干个程序模块组成,每一个程序模块用来实现一种特定的功能。这种特定的功能是用一组指令构成的子程序来实现的。用户宏程序实际上是一种带变量的子程序,其使用方法与子程序完全一样,只不过用户宏程序的结构和语法比普通的程序复杂得多。用户宏程序也可以像普通的子程序那样被调用。

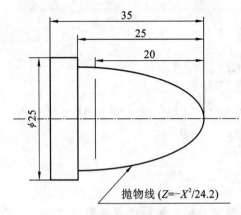

图 4-51 宏程序加工零件图样 1

4.5.4 宏程序实例

1. 抛物线宏程序的应用

【例 4-25】

图 4-51 所示的零件,前端抛物线的方程为 $Z=-X^2/24.2$,试用宏程序编写该零件的加工程序。X 轴的步距为 0.06 mm,毛坯 ϕ30 mm× 70 mm,T01 为粗车刀,T02 为精车刀。

计算抛物线底的直径:

将 $Z=-20$ 代入($Z=-X^2/24.2$)

得直径为 22 mm

方法 1:

O4025;

G00 X100. Z100. T0101;

G97 S1000 M03 F200;

G40 G96 X30. S120;

G00 G42 Z2. ;

G01 Z0. F150;

#60=30. ;　　　　　　　　　　　设定毛坯最大切削量

WHILE #60 GE 0.75;　　　　　　判断毛坯余量是否大于 0.75 mm

M98 P0009;　　　　　　　　　　调用子程序

#60=#60-2.4;　　　　　　　　　每次切削量单边为 1.2 mm

ENDW;

G00 G97 G40 X100. Z100. S1000;

M05;

T0202;　　　　　　　　　　　　换 2 号精车刀

G97 S1400 M03;

G40 G96 X30. S100;

G00 G42 Z2. ;

G01 Z0 F100. ;

#60=0;　　　　　　　　　　　　设定毛坯切削量为 0

M98 P0009;　　　　　　　　　　调用子程序

ENDW;

G00 G97 G40 X100. Z100. S1400;

M02;

%0009;

```
＃1＝0；
＃2＝0；
WHILE ＃2 LE 20；          判断 Z 轴是否到终点
＃2＝［＃1］＊［＃1］/24.2；    Z 轴变量
G01 X［＃1＋＃60］Z［－［＃2］］F200；   抛物线插补
＃1＝ ＃1＋0.06；           设定 X 轴的步距为 0.06 mm
ENDW；
G01 W－5.；
U 3.；
W－10.；
U5.；
G00 Z0；
M99；
方法 2：
O1100；
G90 G94；
G00 X100. Z100. T0101；
G97 S1200 M03；
G96 S120；
G00 G40 X30. Z2.；
G71 U1.2 R1.0；
G71 P10 Q20 U0.6 W0.2 F200；
N10 G00 G42 X0；
G01 Z0；
＃1＝0；
＃2＝0；
WHILE ＃2 LE 20；          判断 Z 轴是否到终点
＃2＝［＃1］＊［＃1］/24.2；    Z 轴变量
G01 X［＃1］Z［－［＃2］］；     抛物线插补
＃1＝ ＃1＋0.06；           设定 X 轴的步距为 0.06 mm
ENDW；
G01 Z－25.；
X25.；
N20 Z－35.；
G70 P10 Q20；
G00 G40 X100. Z100.；
G97 S1200；
M02；
```

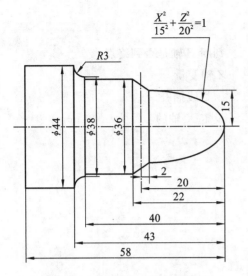

图 4-52 宏程序加工零件图样 2

2. 椭圆宏程序的应用

1）椭圆宏程序在零件端部的应用

【例 4-26】

如图 4-52 所示，已知端部椭圆的方程，Z 轴的步距为 0.06 mm，毛坯 ϕ50 mm×70 mm，试编写加工程序。

O4026；
G00 X100. Z100. T0101；
G97 S1200 M03；
G96 S120；
G00 G40 X65. Z2. ；
G71 U1.2 R1.0；
G71 P10 Q20 U0.6 W0.2 F200；
N10 G00 G42 X0；
G01 Z0；

♯1＝20. ；	长半轴
♯2＝15. ；	短半轴
♯3＝20. ；	Z 轴起始尺寸
WHILE ♯3 GE 2；	判断 Z 轴是否到终点
♯4＝♯2＊SQRT［♯1＊♯1－♯3＊♯3］/20；	X 轴变量
G01 X［2＊♯4］Z［♯3－20］；	椭圆插补
♯3＝♯3－0.06；	设定 Z 轴的步距为 0.06 mm

ENDW；
G01 X36 .Z－22. ；
Z－40. ；
X38. ；
G02 X 44. Z43. R3. ；
N20 G01 Z－58. ；
G70 P10 Q20；
G00 G40 X100.Z100. ；
M02；

2）椭圆宏程序在零件中部凸面上的应用

【例 4-27】

如图 4-53 所示，已知中部椭圆的方程，Z 轴的步距为 0.07 mm，毛坯 ϕ40 mm×100 mm，试编写加工程序。

O4027；
G00 X100. Z100. T0101；
G97 S1200 M03；
G96 S120；

G00 G40 X40. Z4. ;

G71 U1. 8 R1. 2 ;

G71 P10 Q20 U0. 6 W0. 6

F120 ;

　N10 G01 G42 X15. Z0 ;

　X20. Z－3. ;

　Z－9. ;

　X24. ;

　Z－13. ;

　♯ 1 = 36. ;

　♯ 2 = 15. ;

　♯ 3 = 21. 6 ;

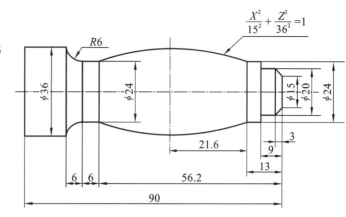

图 4-53　宏程序加工零件图样 3

　WHILE ♯ 3 GE [－21. 6] ;

　♯ 4 = 15 ＊ SQRT [♯ 1 ＊ ♯ 1 － ♯ 3 ＊ ♯ 3] / 36 ;

　G01X [2 ＊ ♯ 4] Z [♯ 3 － 34. 6] ;

　♯ 3 = ♯ 3－ 0. 07 ;

　ENDW ;

　G01 Z－62. 2 ;

　G02 X36. Z－68. 2 R6. ;

　N20 G01 Z－90. ;

　G70 P10 Q20 ;

G00 G40 X100. ;

G97 S1200 ;

Z100. ;

M02 ;

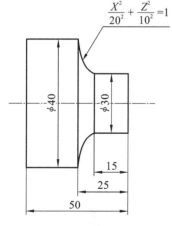

图 4-54　宏程序加工零件图样 4

　♯ 21 = 20. ;

　♯ 22 = 10. ;

3）椭圆宏程序在零件中部凹面上的应用

【例 4-28】

如图 4-54 所示,已知中部椭圆的方程,Z 轴的步距为 0. 05mm,毛坯 $\phi75$ mm×70 mm,试编写加工程序。

O4028 ;

G00 X100. Z100. T0101 ;

G97 S1200 M03 ;

G96 S120 ;

G00 G40 X70. Z2. ;

G71 U1. 8 R1. 2 ;

G71 P10 Q20 U0. 6 W0. 2 F200 ;

　N10 G00 G42 X30. ;

　G01 Z－15. ;

```
#23 = 0;
WHILE[-10  LE  #23];
#24 = 20 * SQRT[#22 * #22 - #23 * #23]/10;
G01X[2*35 - 2 * #24]Z[#23 - 15];
#23 = #23 - 0.05;
ENDW;
N20 G01 Z-50.;
G70 P10 Q20;
G00 G97 G40 X100. Z100. S1200;
M02;
```

4.6 仿真软件机床台面操作

4.6.1 选择机床类型

依次单击菜单栏中的"选项"和"选择机床与数控系统"选项,系统将弹出"选择机床与数控系统"对话框(见图 4-55),分别选择机床类型和数控系统类型,选择完毕后,单击"确定"按钮,进入相应的机床操作界面。

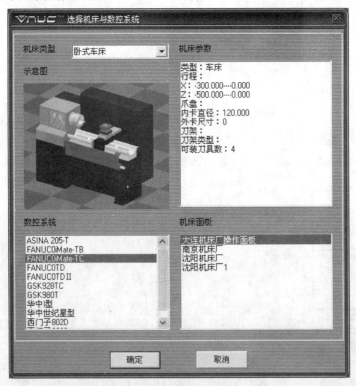

图 4-55 "选择机床与数控系统"对话框

4.6.2　工件的使用

1. 定义毛坯

依次单击菜单栏中的"零件"和"定义毛坯"选项,系统将弹出图 4-56 所示的对话框。

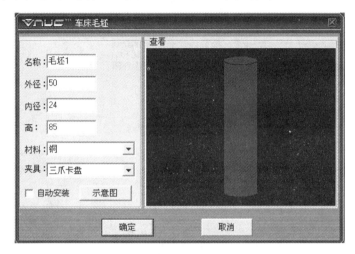

图 4-56　圆柱形毛坯定义

在此对话框中输入以下信息。

(1) 名称:在"名称"输入框内输入毛坯名称,也可使用缺省值。

(2) 材料:可根据需要在下拉列表中选择毛坯材料。

(3) 尺寸:输入毛坯尺寸,单位为 mm。

2. 保存项目文件

依次单击菜单栏中的"文件"和"保存项目"选项,如图 4-57 所示,系统将弹出"另存为"对话框(见图 4-58),在对话框中输入文件名,单击"保存"按钮,此项目文件即被保存。

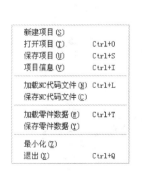

图4-57　单击"保存项目"选项

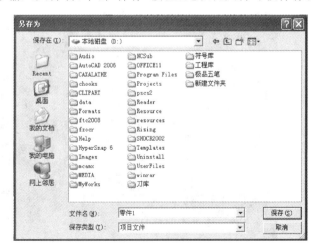

图 4-58　"另存为"对话框

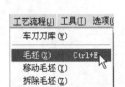

图 4-59 单击"毛坯"选项

3. 选择毛坯

依次单击菜单栏中的"工艺流程"和"毛坯"选项（见图 4-59），系统将弹出图 4-60 所示的对话框。按图纸要求设置毛坯材料及尺寸，并选择装夹方式，单击"确定"按钮，系统将自动关闭对话框，弹出"调整车床毛坯"对话框，如图 4-61 所示，按要求调整毛坯在车床上的位置。

图 4-60 "车床毛坯"对话框

图 4-61 "调整车床毛坯"对话框

4.7 标准车床面板操作

沈阳机床厂及大连机床厂车床操作面板分别如图 4-62 和图 4-63 所示。

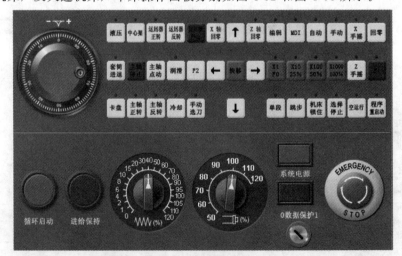

图 4-62 沈阳机床厂车床操作面板

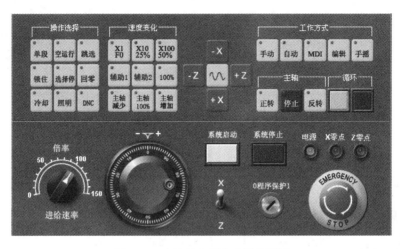

图 4-63　大连机床厂车床操作面板

4.7.1　操作面板简介

操作面板上的按钮的名称和功能如表 4-5 所示。

表 4-5　操作面板上的按钮的名称和功能

按　　钮	名　　称	功　　能
紧急停止	紧急停止	按下此按钮,机床立即停止移动,并且所有的输出都会关闭
电源开	电源开	打开电源
电源关	电源关	关闭电源
进给倍率选择	进给倍率选择	在手动快速或手轮方式下,用于选择进给倍率
手动	手动方式	手动方式,连续进给
回零	回参考点方式	机床回零。机床必须先执行回零操作,才可以运行
自动	自动方式	进入自动加工模式
单段	单段	当此按钮被按下时,运行程序时,每次执行一条数控指令
MDI	手动数据输入	单程序段执行模式
主轴正转	主轴正转	按下此按钮,主轴开始正转

按　钮	名　称	功　能
	主轴停止	按下此按钮,主轴停止转动
主轴反转	主轴反转	按下此按钮,主轴开始反转
快移	快移	在手动方式下,按下此按钮后,再按下移动按钮,可以快速移动机床
↑ ↓ ← →	移动	
进给保持	进给保持	在程序运行过程中,按下此按钮,程序暂停运行
循环启动	循环启动	程序开始运行或继续运行被暂停的程序
主轴倍率修调	主轴倍率修调	通过鼠标点击"主轴升速"和"主轴降速"来调节主轴倍率
进给倍率修调	进给倍率修调	调节数控程序自动运行时的进给倍率。置光标于旋钮上,点击鼠标左键,旋钮逆时针转动,点击鼠标右键,旋钮顺时针转动
手动选刀	手动选刀	在手动状态下,用鼠标点击此键,可手动选择与当前刀号相邻的刀具
跳步	跳步	当指示灯亮时,数控程序中的跳过符号"/"有效
选择停止	选择停止	当指示灯亮时,程序中的 M01 指令生效,自动运行暂停
空运行	空运行	按照机床默认的参数执行程序
机床锁住	机床锁住	当此键被按下时,机床不能移动
X手摇	手摇 X	将手摇移动轴设置成 X 轴
Z手摇	手摇 Z	将手摇移动轴设置成 Z 轴
手轮	手轮	用手轮移动机床

续表

按　　钮	名　　称	功　　能
	参数设置	点击此键,切换到参数设置界面
	轨迹模拟	在自动方式下点击此键,切换到查看模拟轨迹状态
	删除	删除显示屏上所要删除的内容
	插入	
	换挡	
	输入	
	光标移动	
	复位	取消当前程序的运行,通道转向复位状态

4.7.2　机床准备

1. 激活机床

检查急停按钮是否松开至 ⊚ 状态,若未松开,点击急停按钮 ⊚,将其松开。点击按钮 ▦,打开电源。

2. 机床回参考点

1）进入回参考点模式

系统启动之后,机床自动处于手动模式。点击按钮 ▦,进入回参考点模式。

2）回参考点操作步骤

（1）X 轴回参考点:点击按钮 ⬆,X 轴将回到参考点,回到参考点之后,X 轴的回零灯变亮。

（2）Z 轴回参考点:点击按钮 ➡,Z 轴将回到参考点,回到参考点之后,Z 轴的回零灯变亮。

4.7.3 选择刀具

依次单击菜单栏中的"机床"和"选择刀具"选项,系统将弹出"车刀选择"对话框。

后置刀架的数控车床允许同时安装 8 把刀具。前置刀架的数控车床允许同时安装 4 把刀具,钻头被安装在尾座上。

1. 外圆车刀

选择刀片形状、刀具形式与主偏角、切削方向、刀尖半径,输入切削刃长和刀柄长,单击"完成编辑"按钮,如图 4-64 所示。

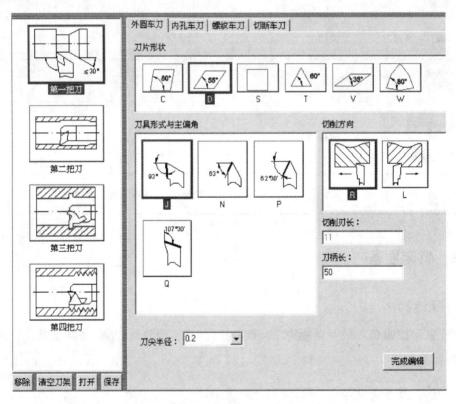

图 4-64 "外圆车刀"对话框

2. 内孔车刀

选择刀片形状、刀头形状(主偏角)、切削方向、刀尖半径,输入切削刃长和刀柄长,单击"完成编辑"按钮,如图 4-65 所示。

3. 切断车刀

选择刀具类型、切槽宽,输入刀柄长,单击"完成编辑"按钮,如图 4-66 所示。

4. 螺纹车刀

选择刀具类型,输入螺距和刀柄长,单击"完成编辑"按钮,如图 4-67 所示。

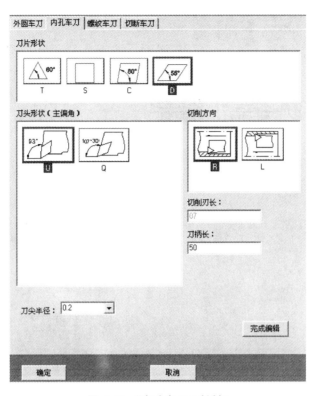

图 4-65　"内孔车刀"对话框

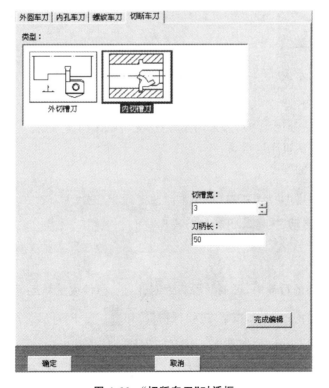

图 4-66　"切断车刀"对话框

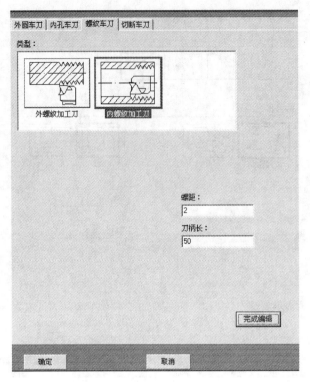

图 4-67 "螺纹车刀"对话框

4.7.4 自动加工

1. 自动/连续方式

1）自动加工流程

（1）检查机床是否回参考点，若未回参考点，先将机床回参考点。

（2）使用程序控制机床运行。

（3）呼出要加工的程序。

（4）按下操作面板上的 自动 按钮。

（5）按下"循环启动"按钮，开始执行程序。

（6）程序执行完毕。

2）中断运行

在运行数控程序的过程中，可根据需要暂停、停止、急停或重新运行。

在运行数控程序的过程中，按下"进给保持"按钮，程序暂停运行，机床保持暂停运行时的状态。按下"循环启动"按钮后，程序从暂停行开始继续运行。

在运行数控程序的过程中，按下"复位"按钮，程序停止运行，机床停止。按下"循环启动"按钮后，程序从头开始运行。

在运行数控程序的过程中,按下"急停"按钮,数控程序中断运行,继续运行时,先将"急停"按钮松开,再按下"循环启动"按钮,数控程序从头开始运行。

2. 自动/单段方式

(1) 检查机床是否回参考点,若未回参考点,先将机床回参考点。

(2) 选择一个供自动加工的数控程序。

(3) 按下操作面板上的　自动　按钮,使其指示灯变亮,机床进入自动加工模式。

(4) 按下操作面板上的　单段　按钮,使其指示灯变亮,机床进入单段执行模式。

(5) 每按下"循环启动"按钮一次,数控程序执行一行,可以通过主轴倍率旋钮和进给倍率旋钮来调节主轴旋转的速度和进给的速度。

数控程序开始运行后,想回到程序的开头,可按下操作面板上的"复位"按钮。

4.8　机床操作的其他功能

4.8.1　坐标系切换

用此功能可以改变当前显示的坐标系。

如果当前界面不是查看机能区,按"查看机能区"按钮,切换到查看机能区,CRT上出现图 4-68 所示的界面。

点击软键,可以切换到相对坐标、运转时间、加工部件数、切削时间等。

点击软键,可以切换到绝对坐标、相对坐标、运转时间、加工部件数、切削时间等。

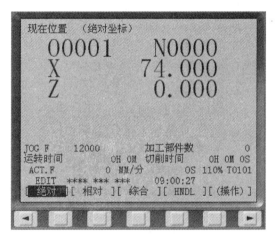

图 4-68　坐标系切换

4.8.2　MDI 方式

(1) 按下操作面板上的 MDI 按钮,机床切换到 MDI 运行方式,再按下操作面板上的按钮,CRT 上出现图 4-69 所示的界面。

(2) 输入程序。

(3) 将光标移到程序的开头,如图 4-70 所示,按下操作面板上的"循环启动"按钮,运行程序。

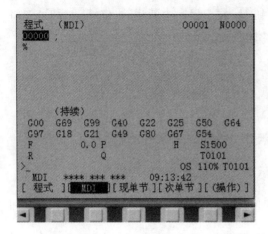

图 4-69　MDI 方式 1

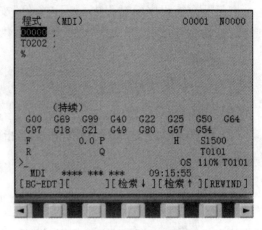

图 4-70　MDI 方式 2

习　题

一、填空题

1. 在 CRT/MDI 面板的功能键中,显示机床现在位置的键是(　　　)。

2. 数控机床采用(　　　)坐标系。

3. 数控机床的机床坐标系是由机床的(　　　)建立的,机床的使用者不能进行修改。

4. G00 指令的移动速度是(　　　)。

5. G41 表示(　　　)。

6. 程序结束时,用(　　　)指令表示。

7. 通常,在数控车床中,F 的单位是(　　　)。

8. 通常,在数控车床中,S 的单位是(　　　)。

9. 数控机床的核心装置是(　　　)。

10. 世界上第一台数控机床是(　　　)年研制出来的。

二、简答题

1. 简述数控车床编程中 U、W 的含义。

2. 简述点位控制系统、直线控制系统和轮廓控制系统的区别。

3. 针对 FANUC 系统,简述 G70、G71、G72 的区别。

4. 简述对刀点的定义和选择原则。

5. 简述 G00 与 G01 的主要区别。

三、编程

用 FANUC 系统指令编写图 4-71 至图 4-74 所示零件的加工程序。

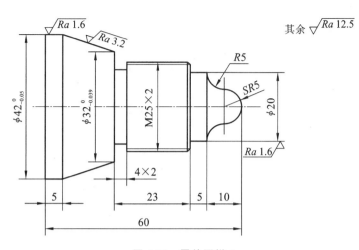

图 4-71 零件图样 1

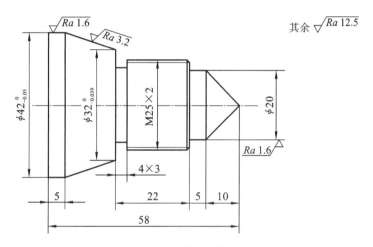

图 4-72 零件图样 2

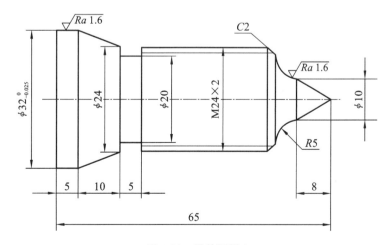

图 4-73 零件图样 3

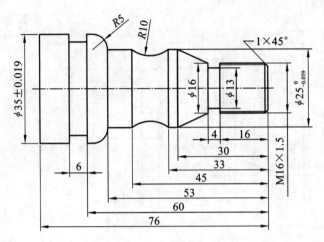

图 4-74　零件图样 4

第 5 章 华中系统数控车床操作

5.1 数控车床电源操作与面板操作

5.1.1 通电与关闭电源操作

系统上电前,首先要检查机床状态是否正常,电源电压是否正常,接线是否正确,"急停"按钮是否按下,然后打开机床侧面的旋钮,使其处于"ON"状态,打开系统上电的绿色按钮,系统上电进入操作界面时,初始工作方式显示为"急停",为了控制系统运行,需要右旋并拔起"急停"按钮,使系统复位,并接通伺服电源。系统默认进入回参考点模式,系统操作界面的工作方式变为回零。

5.1.2 数控系统操作面板(CRT/MDI 面板)

HNC-818A-TU 系统操作面板和显示器如图 5-1 所示。

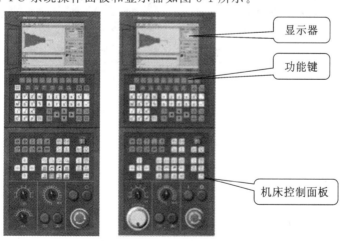

显示器

功能键

机床控制面板

图 5-1 HNC-818A-TU 系统操作面板和显示器

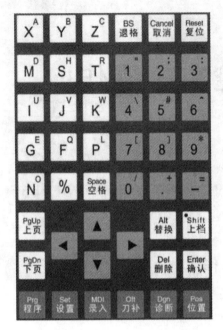

图 5-2　HNC-818 数控车床 NC 键盘

5.1.3　NC 键盘

HNC-818 数控车床 NC 键盘如图 5-2 所示。NC 键盘包括精简型 MDI 键盘、六个主菜单键和十个功能键，主要用于零件程序的编制、参数输入、MDI 及系统管理操作等。

MDI 键盘：大部分键具有上档键功能，同时按下"Shift"键和字母/数字键，输入的是上档键的字母/数字。

六个主菜单键：程序、设置、录入、刀补、诊断、位置。

十个功能键与系统菜单的十个菜单按钮一一对应。

5.1.4　机床控制面板

机床控制面板用于直接控制机床的动作或加工过程。

HNC-818A-TU 系统机床控制面板如图 5-3 所示。

图 5-3　HNC-818A-TU 系统机床控制面板

手持单元由手摇脉冲发生器、坐标轴选择开关组成，用于手摇方式增量进给坐标轴。手持单元如图 5-4 所示。

5.1.5　系统操作界面

HNC-818 系统的操作界面如图 5-5 所示。系统操作界面一般由以下几个部分组成。

（1）标题栏。标题栏一般包括以下信息。

① 工作方式：系统的工作方式根据机床控制面板上相应按键的状态在自动（运行）、单

图 5-4　手持单元

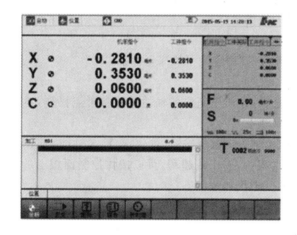

图 5-5　HNC-818 系统的操作界面

段(运行)、手动(运行)、增量(运行)、回零、急停之间切换。

　　② 主菜单名:显示当前激活的主菜单按键。

　　③ 工位信息:显示当前工位号。

　　④ 通道信息:显示每个通道的工作状态(运行正常、进给暂停或出错)。

　　⑤ 系统时间:当前系统时间。

　　⑥ 系统报警信息。

　　(2) 图形显示窗口:这个区域显示的画面,根据所选菜单键的不同而不同。

　　(3) G 代码显示区:预览或显示加工程序的代码。

　　(4) 菜单命令条:通过菜单命令条中对应的功能键来完成系统功能的操作。

　　(5) 标签页:用户可以通过切换标签页,查看不同的坐标系类型。

　　(6) 辅助机能:自动加工中的 F、S 信息,以及修调信息。

　　(7) 刀具信息:当前所选刀具。

　　(8) G 模态和加工时间:显示加工过程中的 G 模态,以及系统本次加工的时间。

5.2 数控车床的手动操作

5.2.1 手动返回参考点

控制机床运动的前提是建立机床坐标系，为此，系统接通电源、复位后，首先应进行机床各轴回参考点操作。方法如下。

（1）如果系统显示的当前工作方式不是回零方式，按一下控制面板上的"回零"按键，确保系统处于回零方式。

（2）根据 X 轴机床参数"回参考点方向"，按一下"＋X"或"－X"按键，X 轴回到参考点后，"＋X"或"－X"按键内的指示灯亮。

（3）用同样的方法使 Z 轴回到参考点。

（4）所有轴回到参考点后，即建立了机床坐标系。

注意：

（1）在每次电源接通后，必须先完成各轴的返回参考点操作，再进入其他运行方式，以确保各轴坐标的正确性；

（2）同时按下 X、Y、Z 轴方向选择按键，可使 X、Y、Z 轴同时返回参考点；

（3）在回参考点的过程中，若出现超程，可以按住控制面板上的"超程解除"按键，向相反方向手动移动该轴，使其退出超程状态；

（4）系统各轴回参考点后，在运行过程中，只要伺服驱动装置不出现报警，其他报警都不需要重新回零。

5.2.2 手动连续进给

按一下"手动"按键（指示灯亮），系统处于手动运行方式，可点动移动机床坐标轴（下面以点动移动 X 轴为例说明）。

（1）按下"＋X"或"－X"按键（指示灯亮），X 轴将产生正向或负向连续移动。

（2）松开"＋X"或"－X"按键（指示灯灭），X 轴即减速停止。

用同样的操作方法，可使 Z 轴产生正向或负向连续移动。

在手动进给时，若同时按下"快进"按键，则产生相应轴的正向或负向快速移动。

5.2.3 手动增量进给

按一下"增量"按键，系统处于增量进给方式。

按一下"＋X"或"－X"按键（指示灯亮），X 轴将向正向或负向移动一个增量值。

按一下"＋Z"或"－Z"按键（指示灯亮），Z 轴将向正向或负向移动一个增量值。

增量进给的增量值由机床控制面板上的"×1""×10""×100""×1000"四个增量倍率按键控制。增量倍率按键与增量值的对应关系如表 5-1 所示。

表 5-1　增量倍率按键与增量值的对应关系

增量倍率按键	×1	×10	×100	×1000
增量值/mm	0.001	0.01	0.1	1

注意:这四个增量倍率按键互锁,即按一下其中一个按键(指示灯亮),其余三个按键会失效(指示灯灭)。

5.2.4　手摇进给

对于车床而言,当手持单元的坐标轴选择开关置于"X"或"Z"挡时,按一下控制面板上的"增量"按键,系统处于手摇进给方式,可手摇进给坐标轴。

以 X 轴手摇进给为例进行说明。

(1)将手持单元的坐标轴选择开关置于"X"挡。

(2)顺时针/逆时针旋转手摇脉冲发生器一格,可控制 X 轴向正向/负向移动一个增量值。

用同样的操作方法使用手持单元,可以控制 Z 轴向正向/负向移动一个增量值。

手摇进给方式每次只能增量进给一个坐标轴。

手摇进给的增量值(手摇脉冲发生器每转一格的移动量)由手持单元的增量倍率波段开关的位置("×1""×10""×100")决定。增量倍率波段开关的位置和增量值的对应关系如表 5-2 所示。

表 5-2　增量倍率波段开关的位置和增量值的对应关系

增量倍率波段开关的位置	×1	×10	×100
增量值/mm	0.001	0.01	0.1

5.2.5　主轴手动操作

1.主轴正转

在手动方式下,按一下"主轴正转"按键(指示灯亮),主轴电机以机床参数设定的转速正转,直到按压"主轴停止"或"主轴反转"按键。

2.主轴反转

在手动方式下,按一下"主轴反转"按键(指示灯亮),主轴电机以机床参数设定的转速反转,直到按压"主轴停止"或"主轴正转"按键。

3.主轴停止

在手动方式下,按一下"主轴停止"按键(指示灯亮),主轴电机停止运转。

注意:"主轴正转""主轴反转""主轴停止"这三个按键互锁,即按一下其中一个按键(指示灯亮),其余两个按键会失效(指示灯灭)。

4.主轴点动

在手动方式下,可用"主轴点动"按键,点动转动主轴。按压"主轴点动"按键(指示灯亮),主轴将产生正向连续转动;松开"主轴点动"按键(指示灯灭),主轴即减速停止。

5.主轴速度修调

主轴正转及反转的速度可通过主轴速度修调调节。

旋转主轴修调波段开关,倍率的范围为 50%～120%;机械齿轮换挡时,主轴速度不能修调。

5.2.6　机床锁住和 MST 锁住

1.机床锁住

在手动方式下,按一下"机床锁住"按键(指示灯亮),再进行手动操作,显示屏上的坐标轴位置信息变化,但是不输出伺服轴的移动指令,所以机床停止不动。

注意:"机床锁住"按键只在手动方式下有效,在自动方式下无效。

2.MST 锁住(T 系列)

该功能用于禁止 M、S、T 辅助功能。在只需要机床进给轴运行的情况下,可以使用MST 锁住功能。在手动方式下,按一下"MST 锁住"按键(指示灯亮),机床辅助功能 M 指令、S 指令、T 指令均无效。

5.2.7　其他手动操作

1.冷却启动与停止

在手动方式下,按一下"冷却"按键,冷却液开(默认值为冷却液关),再按一下,冷却液关,如此循环。

2.润滑启动与停止

在手动方式下,按一下"润滑"按键,机床润滑开(默认值为机床润滑关),再按一下,机床润滑关,如此循环。

3.防护门开启与关闭

在手动方式下,按一下"防护门"按键,防护门打开(默认值为防护门关闭),再按一下,防护门关闭,如此循环。

4.工作灯

在手动方式下,按一下"工作灯"或"机床照明"按键,打开工作灯(默认值为关闭),再按一下,关闭工作灯。

5. 液压开启与关闭(T 系列)

在手动方式下,按一下"液压启动"按键,液压打开(默认值为液压关闭),再按一下,液压关闭,如此循环。

5.3 图形显示

5.3.1 图形操作

图形操作界面如图 5-6 所示。用户可以使用快捷键改变图形的显示方式。

(1) ▶:增加毛坯长度。

(2) ◀:减少毛坯长度。

(3) ▲:增加毛坯直径。

(4) ▼:减少毛坯直径;

(5) PgUp:放大图形。

(6) PgDn:缩小图形。

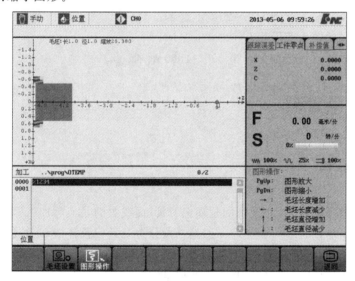

图 5-6 图形操作界面

5.3.2 毛坯设置

(1) 依次按"位置"和"毛坯设置"功能键,进入毛坯设置界面,如图 5-7 所示。

(2) 按"▲"和"▼"键选择图形参数。

(3) 按"Enter"键进入编辑状态,在编辑框中输入相应的数据。

(4) 再次按"Enter"键,结束编辑操作。

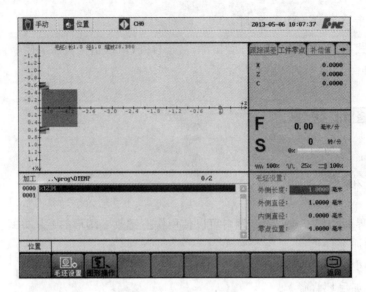

图 5-7　毛坯设置界面

说明：

（1）外侧长度的输入范围为 1～20 000 毫米。

（2）外侧直径的输入范围为 1～20 000 毫米。

（3）内侧直径的输入范围为 0～20 000 毫米。

（4）零点位置的输入范围为 −20 000～1000 毫米。

5.4　刀具管理

5.4.1　刀具补偿

刀具补偿如图 5-8 所示，实线画的是理想刀具，虚线画的是实际加工刀具。

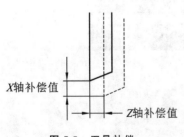

图 5-8　刀具补偿

刀具补偿分为刀具偏置补偿和刀具磨损补偿，其中，刀具偏置补偿为刀具头部位置补偿，刀具磨损补偿为刀具头部磨损量的补偿。

刀具偏置补偿最常用的设置方法是试切法。试切法是指通过试切，由试切直径和试切长度来计算刀具偏置值。试切法的操作步骤详述如下。

（1）用"▲"和"▼"键将光标移动到要设置的刀具；

（2）用刀具试切工件的外径，然后沿 Z 轴方向退刀（注意：在此过程中不要移动 X 轴）；

（3）测量试切后的工件外径，按下"试切直径"按键，输入试切直径的距离，这样，这把刀的 X 偏置就设置好了；

（4）用刀具试切工件的端面,然后沿 X 轴方向退刀;

（5）计算试切工件端面到该刀具要建立的工件坐标系的零点位置的有向距离,按下"试切长度"按键,输入试切长度的距离,这样,这把刀的 Z 偏置就设置好了。

注意:

（1）对刀前,机床必须先回机械零点;

（2）试切工件端面到该刀具要建立的工件坐标系的零点位置的有向距离就是试切工件端面在要建立的工件坐标系中的 Z 轴坐标值;

（3）设置的工件坐标系 X 轴零点偏置＝机床坐标系 X 坐标－试切直径,因此试切工件外径后,不得移动 X 轴;

（4）设置的工件坐标系 Z 轴零点偏置＝机床坐标系 Z 坐标－试切长度,因此试切工件端面后,不得移动 Z 轴。

5.4.2　刀尖方位的定义

车床的刀具可以多方向安装,并且刀具的刀尖也有多种形式,为了使数控装置知道刀具的安装情况,以便准确地进行刀尖半径补偿,定义了车刀刀尖方位号。车刀刀尖方位号表示理想刀具的头部与刀尖圆弧中心的位置关系,如图 5-9 所示。大多数刀尖方位为 3 号方位。

操作步骤:

（1）依次按"刀具"和"刀补"功能键,进入刀补界面,如图 5-10 所示;

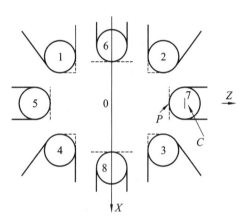

图 5-9　车刀刀尖方位号

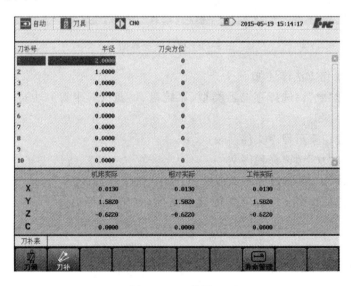

图 5-10　刀补界面

（2）按"▲"和"▼"键移动光标选择刀补号;

（3）按"▶"和"◀"键选择编辑选项；

（4）按"Enter"键进入编辑状态；

（5）修改完毕后，再次按"Enter"键确认。

5.5　加工程序的编辑与管理

5.5.1　选择文件

在"程序"主菜单下按"选择"功能键，进入程序选择界面，如图 5-11 所示。

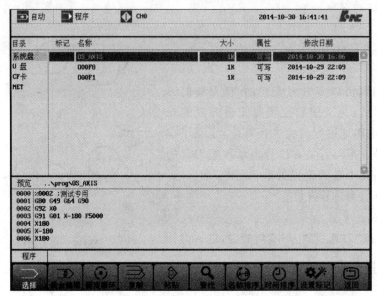

图 5-11　程序选择界面

选择文件的操作方法详述如下。

（1）用"▲"和"▼"键选择存储器类型（系统盘、U 盘、CF 卡等），也可用"Enter"键查看所选存储器的子目录。

（2）用"▶"键切换至程序文件列表。

（3）用"▲"和"▼"键选择程序文件。

（4）按"Enter"键，可将该程序文件选中并调入加工缓冲区。

（5）如果被选的程序文件是只读 G 代码文件，会有[R]标识。

注意：程序文件名一般以字母"O"开头，后跟多个数字或字母。

5.5.2　复制与粘贴文件

使用复制和粘贴功能，可以将文件复制到指定的文件夹。

操作步骤：

（1）在"程序"主菜单下按"选择"功能键，选择需要复制的文件；

（2）按"设置标记"功能键，可以进行文件的多选操作；

（3）按"复制"功能键；

（4）选择目的文件夹；

（5）按"粘贴"功能键，完成复制文件的工作。

5.5.3　查找文件

根据输入的文件名，查找相应的文件。

操作步骤：

（1）在"程序"主菜单下按"查找"功能键；

（2）输入文件名，再按"Enter"键，系统高亮显示文件。

5.5.4　程序编辑

在"程序"主菜单下按"后台编辑"功能键，即可编辑当前载入的文件。

Del：删除光标后的一个字符，光标位置不变，余下的字符左移一个字符位置。

PgUp：使编辑程序向程序头滚动一屏，光标位置不变，如果到了程序头，则光标移到文件首行的第一个字符。

PgDn：使编辑程序向程序尾滚动一屏，光标位置不变，如果到了程序尾，则光标移到文件末行的第一个字符。

BS：删除光标前的一个字符，光标向前移动一个字符位置，余下的字符左移一个字符位置。

Alt＋X：剪切。

Alt＋C：复制。

Alt＋V：粘贴。

5.5.5　程序校验

操作步骤：

（1）调入要校验的加工程序；

（2）按机床控制面板上的"自动"或"单段"按键进入程序运行方式；

（3）在"程序"主菜单下按"校验"功能键，此时系统操作界面上的工作方式显示为"自动校验"；

（4）按机床控制面板上的"循环启动"按键，程序校验开始；

（5）若程序有错，命令行将提示程序的哪一行有错。

注意：

（1）校验运行时，机床不动作；

（2）为确保加工程序正确无误，应选择不同的图形显示方式来观察校验运行的结果。

5.5.6 停止运行

操作步骤：

（1）在"程序"主菜单下按"停止"功能键，系统提示"已暂停加工，取消当前运行程序（Y/N）?"；

（2）如果按"N"键，则暂停程序运行，并保留当前运行程序的模态信息（暂停运行后，可按"循环启动"按键，从暂停处重新启动运行）；

（3）如果按"Y"键，则停止程序运行，并卸载当前运行程序的模态信息（停止运行后，只能在选择程序后，重新启动运行）。

5.5.7 重运行

操作步骤：

（1）在"程序"主菜单下按"重运行"功能键，系统提示"是否重新开始执行（Y/N）?"；

（2）如果按"N"键，取消重新运行；

（3）如果按"Y"键，光标将返回到程序头，再按机床控制面板上的"循环启动"按键，从程序头开始重新运行。

5.6 数控车削加工综合实例

5.6.1 实例 1

编写图 5-12 所示零件的加工程序，并在机床上加工零件。

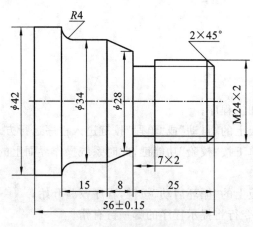

图 5-12 零件图样 1

毛坯：ϕ44 mm×120 mm。

T01：外圆粗车刀。

T02：外圆精车刀。

T03：刃宽为 3 mm 的切槽刀。

T04：普通三角螺纹刀。

%0001；	
T0101；	换 1 号粗车刀，建立工件坐标系
M03 S800；	主轴正转，主轴转速为 800 r/min
G95 G00 X45. Z2. ；	快速定位到粗车循环起点
G71 U1. R1. P1 Q2 X0.5 Z0.5 F0.2；	粗车循环
G00 X60. Z60. ；	快速定位到换刀点
T0202；	换 2 号精车刀
M03 S1500	主轴正转，主轴转速为 1500 r/min
G95 G00 X25. Z2. ；	快速定位到精车循环起点
N1 G00 X0；	精车循环开始
G42 G01 Z0 F0.08；	加右刀补
X24. Z－2. ；	倒角
Z－25. ；	加工 $\phi24$ 外圆
X28. ；	加工 $\phi28$ 端面
X34. Z－33. ；	加工 $\phi28$ 和 $\phi34$ 之间的斜面
Z－44. ；	加工 $\phi34$ 外圆
G02 X42. Z－48. R4. ；	加工 $R4$ 圆弧
N2 G01 Z－59.5；	加工 $\phi42$ 外圆，结束精车循环
G40 G00 X60. Z60. ；	取消刀补，快速定位到换刀点
T0303；	换 3 号刀
M03 S600；	主轴正转，主轴转速为 600 r/min
G00 X25. Z－25. ；	快速定位到切槽起点
G01 X20. F0.07；	加工槽
G00 X25. ；	退刀
W3. ；	右移 3 mm
G01 X20. F0.07；	加工槽
G00 X25. ；	退刀
W1. ；	右移 1 mm
G01 X20. F0.07；	加工槽
W－3. ；	左移 3 mm
G00 X60. ；	
Z60. ；	
T0404；	换 4 号刀
M03 S600；	主轴正转，主轴转速为 600 r/min
G00 X25. Z2. ；	快速定位到螺纹加工循环起点

G82 X23.1 Z−20. F2;	螺纹加工第一刀
X22.5;	螺纹加工第二刀
X21.9;	螺纹加工第三刀
X21.5;	螺纹加工第四刀
X21.4;	螺纹加工第五刀
G00 X60. Z60.;	快速定位到换刀点
T0202;	换 2 号刀
M03 S600;	主轴正转,主轴转速为 600 r/min
G00 X44. Z−59.;	快速定位到切断起点
G01 X2. Z−59. F0.1;	切断,留 2 mm 余量
G00 X60.;	
Z60.;	
M05;	
M30;	

5.6.2　实例 2

编写图 5-13 所示零件的加工程序,并在机床上加工零件。

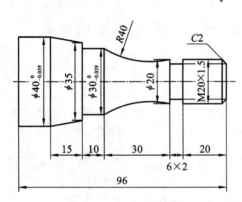

图 5-13　零件图样 2

毛坯:ϕ42 mm×120 mm。

T01:外圆车刀。

T02:刃宽为 3 mm 的切槽刀。

T03:普通三角螺纹刀。

%0002;	
T0101;	换 1 号刀,建立工件坐标系
G00 X60. Z30.;	快速定位到换刀点
M03 S1000;	主轴正转,主轴转速为 1000 r/min
G95 F0.2;	

G00 X45. Z3.；	快速定位到粗车循环起点
G71 U1.1 R0.3 P1 Q2 X1.0 Z0；	粗车循环
N1 G00 X17.；	精车循环开始,快速定位到倒角前端
G01 Z0；	快速接近工件
G01 X20. Z−1.5；	倒角
G01 Z−26.；	加工 ϕ20 外圆
G02 X30. W−30. R40.；	加工 R40 圆弧
G01 W−10.；	加工 ϕ30 外圆
X35.；	加工台阶面
X40. W−15.；	加工斜面
Z−96.；	加工 ϕ40 外圆
N2 G01 X45.；	精车循环结束
G00 X60. Z30.；	快速定位到换刀点
T0202；	换 2 号刀
G00 X25. Z−26.；	快速定位到切槽起点
G01 X16. F0.3；	切槽
G01 X25.；	退刀
G01 Z−23.；	移动切槽刀
G01 X16.；	切槽
G01 X25.；	退刀
G00 X60. Z30.；	快速定位到换刀点
T0303；	换 3 号刀
G00 X22. Z3.；	快速定位到螺纹加工循环起点
G82 X19.2 Z−23. F1.5；	螺纹加工第一刀
X18.6；	螺纹加工第二刀
X18.2；	螺纹加工第三刀
X18.04；	螺纹加工第四刀
G00 X60. Z30.；	快速定位到换刀点
M05；	
M30；	

习　题

1. 编写图 5-14 所示零件的加工程序。
2. 编写图 5-15 所示零件的加工程序。
3. 编写图 5-16 所示零件的加工程序。

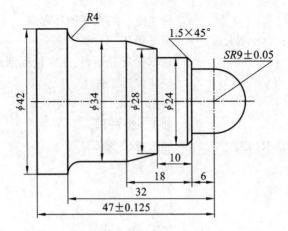

图 5-14　零件图样 3

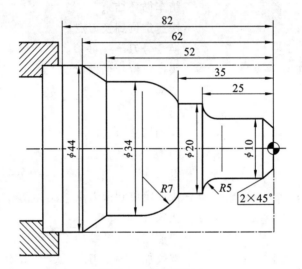

图 5-15　零件图样 4

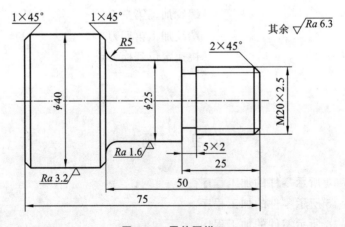

图 5-16　零件图样 5

第6章 数控车床自动编程

本章主要介绍数控车床中常用的自动编程软件 CAXA 数控车。对于一些形状复杂的零件，用 CAXA 数控车编写加工程序非常方便。

6.1 自动编程概述

6.1.1 界面与菜单介绍

CAXA 数控车的应用界面如图 6-1 所示。

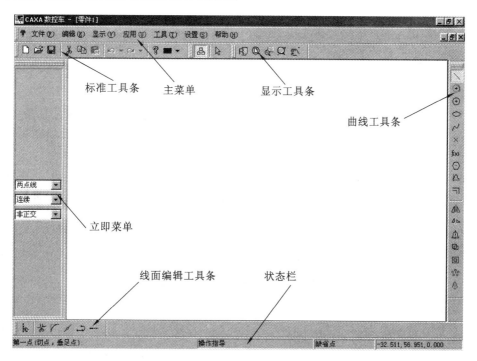

图 6-1 CAXA 数控车的应用界面

若打开软件后，系统界面中没有线面编辑工具条，可以单击菜单栏中的"设置"选项，然后单击"自定义"选项，这时系统会弹出"自定义"对话框，如图 6-2 所示，在"线面编辑"前打"√"，屏幕左下角将会显示线面编辑工具条。

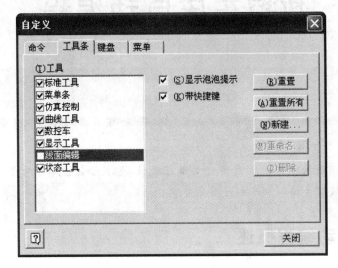

图 6-2 "自定义"对话框

CAXA 数控车可以实现自定义界面布局。工具条中的每一个图标都对应一个菜单命令，单击图标和单击菜单命令是一样的。

1. 窗口布置

CAXA 数控车工作窗口分为绘图区、菜单栏、工具条、参数输入栏（进入相应功能后出现）、状态栏五个部分。

（1）屏幕最大的部分是绘图区，绘图区用于绘制和修改图形。

（2）菜单栏位于屏幕的顶部。

（3）工具条分为线面编辑工具条、曲线工具条、数控车功能工具条、标准工具条、显示工具条等。线面编辑工具条位于绘图区的下方，曲线工具条和数控车功能工具条位于屏幕的右侧，标准工具条和显示工具条位于菜单栏的下方。

（4）参数输入栏（立即菜单）位于屏幕的左边。

（5）状态栏位于屏幕的底部，指导用户进行操作，并提示当前状态及所处位置。

2. 主菜单

主菜单包括 CAXA 数控车软件中的所有功能，下面对菜单项进行说明，如表 6-1 所示。

表 6-1 CAXA 数控车主菜单说明

菜 单 项	说 明
文件	对系统文件进行管理，包括新建、打开、关闭、保存、另存为、数据输入、数据输出、退出等
编辑	对已有的图像进行编辑，包括撤销、恢复、剪切、复制、粘贴、删除、元素不可见、元素可见、元素颜色改变、元素层修改等

续表

菜　单　项	说　明
显示	设置系统的显示,包括显示工具、全屏显示、视角定位等
曲线	包括绘制曲线、编辑曲线等
变换	包括平移、旋转、镜像、阵列、缩放等
加工	包括轮廓轨迹生成、轨迹仿真、代码生成、后置处理、机床设置等
查询	包括坐标、距离、角度、元素属性等
坐标系	包括创建坐标系、激活、删除、隐藏坐标系、显示所有坐标系等
工具	包括坐标系、查询、点工具、矢量工具、选择集拾取工具、轮廓拾取工具等功能组
设置	设置屏幕上的图形显示,包括当前颜色、层设置、拾取过滤设置、系统设置、自定义等

3. 弹出菜单

CAXA 数控车可将按空格键弹出的菜单作为当前命令状态下的子命令。在执行不同的命令时,有不同的子命令组,主要有点工具组、矢量工具组、轮廓拾取工具组、岛拾取工具组等。如果子命令是用来设置某种子状态的,软件在状态栏中会显示提示命令。表 6-2 对弹出菜单进行了说明。

表 6-2　CAXA 数控车弹出菜单说明

弹出菜单项	说　明
点工具	确定当前选取点的方式,包括缺省点、屏幕点、端点、中点、圆心、垂足点、切点、最近点、控制点、刀位点、存在点等
矢量工具	确定矢量选取方向,包括直线方向、X 轴正方向、X 轴负方向、Y 轴正方向、Y 轴负方向、Z 轴正方向、Z 轴负方向和端点切矢
选择集拾取工具	确定集合的拾取方式,包括拾取添加、拾取所有、拾取取消、取消尾项和取消所有等
轮廓拾取工具	确定轮廓的拾取方式,包括单个拾取、链拾取和限制链拾取等
岛拾取工具	确定岛的拾取方式,包括单个拾取、链拾取和限制链拾取等

4. 工具条

CAXA 数控车提供的工具条有标准工具条、显示工具条、曲线工具条和线面编辑工具条等,如表 6-3 所示。

表 6-3　CAXA 数控车工具条

工　具　条	图　示
标准工具条	标准工具
显示工具条	显示工具

工 具 条	图 示
线面编辑 工具条	
曲线工具条	

5. 键盘键

1）回车键和数值键

在 CAXA 数控车中,在系统要求输入点时,回车键和数值键可以激活一个坐标输入条,在输入条中可以输入坐标值。如果坐标值以@开始,表示相对于前一个输入点的相对坐标。在某些情况下,也可以输入字符串。

2）空格键

在系统要求输入点时,按空格键可以弹出点工具菜单。

3）热键

CAXA 数控车为用户提供热键操作,在 CAXA 数控车中,设置了表 6-4 所示的几种热键。

表 6-4 CAXA 数控车热键说明

热　键	说　明
F5 键	将当前平面切换至 XOY 面,同时将显示平面置为 XOY 面,并将图形投影到 XOY 面内进行显示
F6 键	将当前平面切换至 YOZ 面,同时将显示平面置为 YOZ 面,并将图形投影到 YOZ 面内进行显示
F7 键	将当前平面切换至 XOZ 面,同时将显示平面置为 XOZ 面,并将图形投影到 XOZ 面内进行显示
F8 键	显示轴测图,按轴测图方式显示图形
F9 键	切换当前平面,将当前平面在 XOY、YOZ、ZOX 之间进行切换,但不改变显示平面
方向键 (← → ↑ ↓)	显示旋转
Ctrl+方向键 (← → ↑ ↓)	显示平移
Shift+↑	显示放大
Shift+↓	显示缩小

6.1.2　系统的交互方式

1. 基本概念

1）工作坐标系

工作坐标系是用户建立模型时的参考坐标系。系统缺省的坐标系叫作绝对坐标系,用户定义的坐标系叫作工作坐标系。

系统允许同时存在多个坐标系。其中,正在使用的坐标系叫作当前工作坐标系,其坐标系显示为红色,其他坐标系显示为白色,用户可以任意设定当前工作坐标系。

2）当前层

当前层是系统目前使用的图层,生成的图素均属于当前层,其名称显示在屏幕顶部的状态显示区。

以图层对图形进行分层次的管理,是一种重要的图形管理方式。将图形按指定的方式分层归属,可以实现复杂图形的分层次处理,需要时又可以将不同的图层组合在一起进行处理。

3）当前颜色

当前颜色是系统目前使用的颜色,生成的曲线或曲面的颜色取当前颜色。当前颜色显示在屏幕顶部的状态显示区。

当前颜色可设定为当前层的颜色,只需用鼠标左键单击标记有"L"的色块即可。对不同的图素选用不同的颜色,是造型中常用的手法,这样比较容易看清楚不同图素之间的关系。刀具轨迹的颜色不随当前颜色的改变而改变。

4）当前文件

当前文件是系统目前使用的图形文件,其名称显示在屏幕顶部的状态显示区。

5）可见性

对生成的图素,指定其是否在屏幕上显示出来,如果指定某图素为不可见,系统会隐藏该图素。

使某些图素在屏幕上不可见,是进行复杂零件造型时常用的手段之一,这样可以使屏幕上可见的图素减少,比较容易看清楚图素之间的关系,拾取也比较方便,显示速度也会加快。不可见的图素只是在屏幕上不出现,如果需要,可以用"可见"功能使其重新显示在屏幕上。

2. 立即菜单

立即菜单是 CAXA 数控车提供的独特的交互方式,立即菜单的交互方式大大改善了交互过程,在交互过程中,可以随时修改立即菜单中提供的缺省值,并且可以对功能进行选项控制,使操作更加方便。

3. 点的输入

在交互过程中,常常会遇到输入精确定位点的情况。系统提供了点工具菜单,可以利用点工具菜单精确定位一个点。激活点工具菜单用键盘上的空格键。点工具菜单如图 6-3 所示。

各种点状态的含义详述如下。

✔ 缺省点
屏幕点
端点
中点
交点
圆心
垂足点
切点
最近点
控制点
刀位点
存在点

图 6-3　点工具菜单

(1) 屏幕点:鼠标在屏幕上点取的当前平面上的点。

(2) 端点:曲线的起点和终点,取距离拾取点较近的点。

(3) 中点:曲线的弧长平分点。

(4) 交点:曲线与曲线的交叉点,取距离拾取点较近的点。

(5) 圆心:圆与弧的中心。

(6) 垂足点:用于作垂线。

(7) 切点:用于作切线。

(8) 最近点:曲线上距离输入点最近的点。

(9) 控制点:直线的端点和中点、圆弧的起点和终点等。

(10) 刀位点:刀具轨迹上的点。

(11) 存在点:已生成的点。

(12) 缺省点:对拾取点依次搜索端点、中点、交点和屏幕点。在缺省点状态下,系统根据鼠标位置自动判断端点、中点、交点和屏幕点。进入系统时,系统的点状态为缺省点。

4. 拾取工具

在需要拾取多个对象时,按空格键可以弹出拾取工具菜单,如图 6-4 所示。缺省状态是拾取添加,在这种状态下,可以拾取单个对象,也可以用窗口拾取对象。窗口从左向右拉时,窗口要包括整个拾取对象,才能拾取到;窗口从右向左拉时,只要拾取对象的一部分在窗口中,就可以拾取到。

✔ 拾取添加
拾取所有
拾取取消
取消尾项
取消所有

图 6-4　拾取工具菜单

6.1.3　CAXA 数控车的 CAD 功能

CAXA 数控车软件,具有 CAD 软件强大的绘图功能和完善的外部数据接口,可以绘制任何复杂的二维零件图形,并且可对图形进行编辑与修改,还可以通过 DXF、IGES 等数据接口与其他系统进行数据交换。

1. 点

单击曲线生成工具图标,即可激活点生成功能,通过切换立即菜单,可以用不同的方法生成点。表 6-5 所示为生成点的各种方法。

表 6-5　生成点的方法

生成点的方法		立 即 菜 单	说　　明
单个点	工具点	单个点 ▼ 工具点 ▼	利用点工具菜单生成单个点,此时不能利用切点和垂足点生成单个点
	曲线投影交点	单个点 ▼ 曲线投影交 ▼	对于两条不相交的空间曲线,如果它们在当前平面上的投影有交点,则生成该投影交点,生成的点在被拾取的第一条曲线上
	曲面上投影点	单个点 ▼ 曲面上投影 ▼	对于一个给定位置的点,通过矢量工具菜单给定一个投影方向,可以在曲面上得到一个投影点
	曲线曲面交点	单个点 ▼ 曲线曲面交 ▼ 精度 0.0100	可以求一条曲线和一个曲面的交点
批量点	等分点	批量点 ▼ 等分点 ▼ 段数 10	在曲线上生成按照弧长等分的点
	等距点	批量点 ▼ 等距点 ▼ 点数 4 弧长 10.000	生成曲线上间隔为给定弧长的点
	等角度点	批量点 ▼ 等角度点 ▼ 点数 4 角度 15.000	生成圆弧上等圆心角间隔的点

2．直线

　　单击曲线生成工具图标 \\ ,即可激活直线生成功能,通过切换立即菜单,可以用不同的方法生成直线。表 6-6 所示为生成直线的各种方法。

表 6-6　生成直线的方法

生成直线的方法		立 即 菜 单	示　例	说　明
两点线	非连续方式画线	两点线 ▼ 单个 ▼ 非正交 ▼		可以利用点工具菜单中的切点和垂足点生成切线和垂线
	连续方式画线	两点线 ▼ 连续 ▼ 非正交 ▼		
平行线	过点	平行线 ▼ 过点 ▼		根据状态栏提示,先选直线再选点; 在立即菜单中输入直线与已知直线的距离
	距离	平行线 ▼ 距离 ▼ 距离= 20.0000 条数= 1		
角度线		角度线 ▼ X轴夹角 ▼ 角度= 45.000		作与已知直线、X 轴或 Y 轴成一定角度的直线
切线/法线		切线/法线 ▼ 切线 ▼ 长度= 100.00		作已知曲线的切线或法线
角等分线		角等分线 ▼ 份数= 2 长度= 100.00		作已知角度的任意等分线
水平/铅垂线		水平/铅垂线 ▼ 水平 ▼ 长度= 100.00		绘制水平线和铅垂线

3. 圆弧

单击曲线生成工具图标 ⊕ ,即可激活圆弧生成功能,通过切换立即菜单,可以采用不同的方法生成圆弧。表 6-7 所示为生成圆弧的各种方法。

表 6-7　生成圆弧的方法

生成圆弧的方法	立 即 菜 单	示　　　例	说　　　明
三点圆弧	三点圆弧 ▼		通过给定的三点生成一段圆弧
圆心＋起点＋ 圆心角	圆心_起点_ ▼		根据给定的圆心、起点和圆心角生成一段圆弧
圆心＋半径＋ 起终角	圆心_半径_ ▼ 起始角= 0.0000 终止角= 180.0000		首先在立即菜单中输入起始角、终止角，然后确定圆心和半径
两点＋半径	两点_半径_ ▼		确定两点后，通过输入半径或给定圆上的一点定义圆弧
起点＋终点＋ 圆心角	起点_终点_ ▼ 圆心角= 60.0000		首先在立即菜单中输入圆心角，然后确定起点和终点
起点＋半径＋ 起终角	起点_半径_ ▼ 半径= 30.000 起始角= 0.0000 终止角= 150.000		首先在立即菜单中输入半径、起始角、终止角，然后确定圆弧的起点

4. 圆

单击曲线生成工具图标◉，即可激活圆生成功能，通过切换立即菜单，可采用不同的方法生成圆。表 6-8 所示为生成圆的各种方法。

表 6-8　生成圆的方法

生成圆的方法	立即菜单	示　例	说　明
圆心＋半径	圆心_半径		根据状态栏提示先确定圆心,然后输入圆上一点或半径来确定圆
三点	三点		按顺序依此给定三点来定义一个圆
两点＋半径	两点_半径		根据状态栏提示先确定两点,然后输入圆上一点或半径来确定圆

5. 样条曲线

在 CAXA 数控车中,生成样条曲线有两种方式:插值方式和逼近方式。

1)插值方式

依次输入一系列点,系统将通过这些点生成一条光滑的样条曲线。单击曲线生成工具图标 ～ ,即可激活样条曲线生成功能,通过切换立即菜单,可采用不同的方法生成样条曲线。表 6-9 列出了用插值方式生成样条曲线的方法。

表 6-9　用插值方式生成样条曲线的方法

生成样条曲线的方法		立即菜单	示　例	说　明
给定切矢	开曲线	插值 / 给定切矢 / 开曲线		按点的顺序依此拾取各点,拾取完成后按鼠标右键结束,然后确定切矢方向
	闭曲线	插值 / 给定切矢 / 闭曲线		
缺省切矢	开曲线	插值 / 缺省切矢 / 开曲线		按点的顺序依此拾取各点,拾取完成后按鼠标右键结束
	闭曲线	插值 / 缺省切矢 / 闭曲线		

2）逼近方式

依次输入一系列点，系统将根据给定的精度生成拟合这些点的光滑的样条曲线，如图6-5 所示。

图 6-5　用逼近方式生成样条曲线

6．给出公式生成曲线

当需要生成的曲线是用数学公式表示时，可利用公式曲线功能来得到所需要的曲线。

单击曲线生成工具图标 f(x)，系统将弹出"公式曲线"对话框，如图6-6 所示，按图6-6 所示进行设置，单击"确定"按钮后，生成的公式曲线如图6-7 所示。

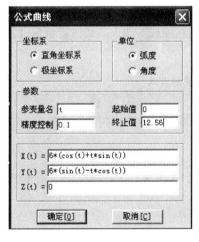

图 6-6　"公式曲线"对话框

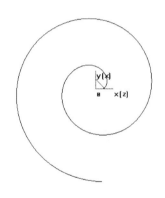

图 6-7　生成的公式曲线

7．生成等距线

利用等距线功能可以生成给定曲线的等距线。这里的等距是广义的，可以是变化的距离。

8．曲线的几何变换

曲线的几何变换包括镜像、旋转、平移、缩放、阵列等。

9．曲线编辑

1）曲线的裁剪

曲线的裁剪是指利用一个或多个几何元素（曲线或点，称为剪刀）对给定曲线（称为被裁剪线）进行修整，删除不需要的部分，得到新的曲线。系统提供了四种曲线裁剪方式：快速裁剪、线裁剪、点裁剪和修剪，如表6-10 所示。

表 6-10　曲线裁剪的方式

曲线裁剪	立即菜单	说　明
快速裁剪	快速裁剪 ▼ 正常裁剪 ▼	系统对曲线裁剪具有"指哪裁哪"的快速反应
线裁剪	线裁剪 ▼ 正常裁剪 ▼	利用一条曲线作为剪刀,对其他曲线进行裁剪
点裁剪	点裁剪 ▼	利用点作为剪刀,对曲线进行裁剪
修剪	修　剪 ▼ 投影裁剪 ▼	需要拾取一条曲线或多条曲线作为剪刀,对一系列被裁剪线进行裁剪

2）曲线的过渡

曲线的过渡是指对两条曲线进行圆弧过渡、尖角过渡或对两条直线进行倒角过渡,如表 6-11 所示。

表 6-11　曲线过渡的方式

曲线过渡	立即菜单	说　明
圆弧过渡	圆弧过渡 ▼ 半径 1.0000 精度 0.0100 裁剪曲线1 ▼ 裁剪曲线2 ▼	用于在两条曲线之间进行给定半径的圆弧光滑过渡
尖角过渡	尖角 ▼ 精度 0.0100	用于在给定的两条曲线之间进行过渡,过渡后在两条曲线的交点处有一个尖角
倒角过渡	倒角 ▼ 角度 45.000 距离 1.0000 裁剪曲线1 ▼ 裁剪曲线2 ▼	用于在给定的两条直线之间进行过渡,过渡后在两条直线之间有一条直线

3）曲线的打断

曲线的打断是指将拾取到的一条曲线在指定点处打断,形成两条曲线。

4）曲线的组合

曲线的组合是指将拾取到的几条相连的曲线组合成一条样条曲线。

6.1.4　CAXA 数控车的 CAM 功能

在 CAXA 数控车软件中,实现自动编程的主要过程如下:根据零件图纸,进行几何建模,即用曲线表达工件;根据使用机床的数控系统,设置机床参数;根据工件形状,选择加工方式,选择刀具,设置刀具参数,确定切削用量;生成刀位点轨迹并进行模拟检查,生成程序代码,经后置处理后传送给数控机床。

1．基本概念

1）两轴加工

在 CAXA 数控车中,机床坐标系的 Z 轴是绝对坐标系的 X 轴,X 轴是绝对坐标系的 Y 轴,平面图形指投影到绝对坐标系的 XOY 面的图形。

2）轮廓

轮廓是一系列首尾相接的曲线的集合。

在进行数控编程,交互指定待加工图形时,常常需要用户指定毛坯轮廓,用来界定被加工的表面或被加工的毛坯本身。如果毛坯轮廓是用来界定被加工表面的,则要求指定的轮廓是闭合的;如果加工的是毛坯本身,则毛坯轮廓可以不闭合。

3）加工余量

车削加工是一个从毛坯开始逐步除去多余的材料(即加工余量)的过程,以便得到需要的零件。这个过程往往由粗加工和精加工构成,必要时还需要进行半精加工。在前一道工序中,往往要给下一道工序留下一定的余量。

4）数控机床的速度参数

数控机床的一些速度参数,如接近速度、进给速度和退刀速度等,如图 6-8 所示。进给速度是正常切削时刀具行进的线速度;接近速度是从进刀点到切入工件前刀具行进的线速度,又称为进刀速度;退刀速度是刀具离开工件回到退刀位置时,刀具行进的线速度。

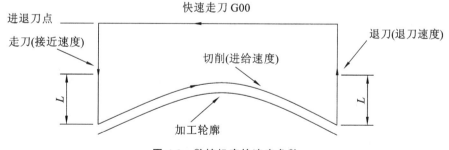

图 6-8　数控机床的速度参数

5）加工误差

刀具轨迹和实际加工模型的偏差就是加工误差。用户可通过控制加工误差来控制加工精度。

6）干涉

切削被加工表面时,刀具切到了不应该切的部分,称为出现干涉现象,也叫作过切。

2．CAXA 数控车的车削加工

CAXA 数控车有 6 种车削加工方式：轮廓粗车、轮廓精车、切槽、钻中心孔、车螺纹和螺纹固定循环。

1）轮廓粗车

轮廓粗车可对工件的外轮廓表面、内轮廓表面和端面进行粗车加工，用来快速清除毛坯的多余部分。进行轮廓粗车时，要确定被加工轮廓和毛坯轮廓，被加工轮廓就是加工结束后的工件表面轮廓，毛坯轮廓就是加工前毛坯的表面轮廓。被加工轮廓和毛坯轮廓共同构成一个封闭的加工区域，此区域内的材料将被加工去除。

（1）操作步骤。

① 在"加工"菜单中选择"轮廓粗车"功能项（见图 6-9），系统弹出轮廓粗车加工参数表，如图 6-10 所示。

图 6-9　选择"轮廓粗车"功能项

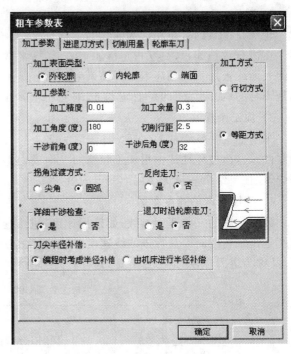

图 6-10　轮廓粗车加工参数表

② 在轮廓粗车加工参数表中首先确定加工表面类型，然后按加工要求确定其他各项加工参数。

③ 使用系统提供的轮廓拾取工具拾取被加工轮廓和毛坯轮廓。轮廓拾取工具提供了三种拾取方式：单个拾取、链拾取和限制链拾取。其中，单个拾取需要用户依次拾取需要批量处理的各条曲线，适合于曲线条数不多且不适合于链拾取的情形，链拾取需要用户指定起始曲线及搜索方向，系统根据起始曲线及搜索方向自动寻找首尾搭接的曲线，限制链拾取需要用户指定起始曲线、搜索方向和限制曲线，系统根据起始曲线及搜索方向自动寻找首尾搭接的曲线至指定的限制曲线。

④ 拾取完轮廓后确定进退刀点，指定一点为加工前和加工后刀具所在的位置。按鼠标右键可忽略该点的输入。完成上述步骤后即可生成加工轨迹。在"加工"菜单中选择"代码

生成"功能项,拾取刚生成的加工轨迹,即可生成加工指令。

（2）参数说明。

① 加工参数。

加工参数表主要用于对粗车加工中的各种工艺条件和加工方式进行限定。点击"粗车参数表"对话框中的"加工参数"标签,即可进入加工参数表,各加工参数的含义如表 6-12 所示。

表 6-12　轮廓粗车加工参数说明

内　容	选　项	说　明
加工表面类型	外轮廓	采用外轮廓车刀加工外轮廓,缺省加工角度为 180°
	内轮廓	采用内轮廓车刀加工内轮廓,缺省加工角度为 180°
	端面	缺省加工方向垂直于系统 X 轴,即加工角度为 90° 或 270°
加工参数	干涉前角	做底切干涉检查时,确定干涉检查的角度,避免加工反锥时出现前刀面与工件干涉
	干涉后角	做底切干涉检查时,确定干涉检查的角度,避免加工正锥时出现刀具底面与工件干涉
	加工角度	刀具切削方向与机床 Z 轴（系统 X 轴）正方向的夹角
	切削行距	两相邻切削行之间的距离
	加工余量	加工结束后,加工表面与最终加工结果相比的剩余量
	加工精度	对于轮廓中的直线和圆弧,机床可以精确地加工;对由样条曲线组成的轮廓,系统将按给定的精度把样条曲线转化成直线段来达到用户要求的加工精度
拐角过渡方式	圆弧	在切削过程中遇到拐角时,刀具在从轮廓的一边到另一边的过程中,以圆弧的方式过渡
	尖角	在切削过程中遇到拐角时,刀具在从轮廓的一边到另一边的过程中,以尖角的方式过渡
反向走刀	否	刀具按缺省方向走刀,即刀具从机床 Z 轴正向向 Z 轴负向移动
	是	刀具按与缺省方向相反的方向走刀
详细干涉检查	否	假定刀具前后干涉角度均为 0°,对凹槽部分不进行加工,以保证切削轨迹无前角及底切干涉
	是	加工凹槽时,用定义的干涉角度检查加工过程中是否有刀具前角及底切干涉,并按定义的干涉角度生成无干涉的切削轨迹
退刀时沿轮廓走刀	否	刀位行首末直接进退刀,不加工行与行之间的轮廓
	是	两刀位行之间如果有一段轮廓,在后一刀位行之前、之后增加对行间轮廓的加工

内　　容	选　　项	说　　　　明
刀尖半径补偿	编程时考虑半径补偿	在生成加工轨迹时,系统根据当前所用刀具的刀尖半径进行补偿计算,所生成的代码为已考虑半径补偿的代码
	由机床进行半径补偿	在生成加工轨迹时,假设刀尖半径为 0,按轮廓编程,不进行刀尖半径补偿计算,所生成的代码在用于实际加工时应根据实际刀尖半径由机床指定补偿值

② 进退刀方式。

点击"粗车参数表"对话框中的"进退刀方式"标签,即可进入进退刀方式参数表(见图6-11)。该参数表用于对加工中的进退刀方式进行设定。

进刀方式:每行相对毛坯进刀方式用于指定对毛坯部分进行切削时的进刀方式,每行相对加工表面进刀方式用于指定对加工表面部分进行切削时的进刀方式。

与加工表面成定角:在每一切削行前加入一段与轨迹切削方向成一定角度的进刀段,刀具垂直进刀到该进刀段的起点,再沿该进刀段进刀至切削行,角度定义为该进刀段与轨迹切削方向的夹角,长度定义为该进刀段的长度。

垂直:刀具直接进刀到每一切削行的起始点。

矢量:在每一切削行前加入一段与系统 X 轴(机床 Z 轴)正方向成一定夹角的进刀段,刀具进刀到该进刀段的起点,再沿该进刀段进刀至切削行,角度定义为矢量(进刀段)与系统 X 轴正方向的夹角,长度定义为矢量(进刀段)的长度。

退刀方式:每行相对毛坯退刀方式用于指定对毛坯部分进行切削时的退刀方式,每行相对加工表面退刀方式用于指定对加工表面部分进行切削时的退刀方式。

与加工表面成定角:在每一切削行后加入一段与轨迹切削方向成一定角度的退刀段,刀具先沿该退刀段退刀,再从该退刀段的末点开始垂直退刀,角度定义为该退刀段与轨迹切削方向的夹角,长度定义为该退刀段的长度。

垂直:刀具直接退刀到每一切削行的终止点。

矢量:在每一切削行后加入一段与系统 X 轴(机床 Z 轴)正方向成一定夹角的退刀段,刀具先沿该退刀段退刀,再从该退刀段的末点开始垂直退刀,角度定义为矢量(退刀段)与系统 X 轴正方向的夹角,长度定义为矢量(退刀段)的长度。

快速退刀距离:以给定的退刀速度回退的距离。

③ 切削用量。

在每种加工轨迹生成时,都需要设置一些与切削用量及机床加工相关的参数。点击"切削用量"标签,即可进入切削用量参数表(见图6-12),参数说明如表6-13所示。

④ 轮廓车刀。

点击"轮廓车刀"标签,即可进入轮廓车刀参数表,设置加工过程中所用刀具的参数。

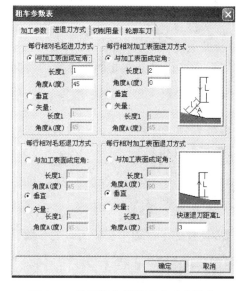

图 6-11　轮廓粗车进退刀方式参数表　　　图 6-12　轮廓粗车切削用量参数表

表 6-13　轮廓粗车切削用量参数说明

内　　　容	选　　项	说　　　明
速度设定	接近速度	刀具接近工件的速度
	退刀速度	刀具离开工件的速度
主轴转速选项	恒转速	切削过程中按指定的主轴转速保持主轴转速恒定,直到下一指令改变转速
	恒线速度	切削过程中按指定的线速度保持线速度恒定
样条拟合方式	直线拟合	对加工轮廓中的样条曲线根据给定的加工精度用直线段进行拟合
	圆弧拟合	对加工轮廓中的样条曲线根据给定的加工精度用圆弧段进行拟合

2）轮廓精车

轮廓精车时要确定被加工轮廓,被加工轮廓就是加工结束后的工件表面轮廓。

（1）操作步骤。

① 在"加工"菜单中选择"轮廓精车"功能项,系统弹出轮廓精车加工参数表,如图 6-13 所示。

② 在轮廓精车加工参数表中首先确定加工表面类型,然后按加工要求确定其他各项加工参数。

③ 使用系统提供的轮廓拾取工具拾取被加工轮廓。

④ 拾取完轮廓后确定进退刀点,指定一点为加工前和加工后刀具所在的位置。按鼠标右键可忽略该点的输入。完成上述步骤后即可生成加工轨迹。在"加工"菜单中选择"代码生成"功能项,拾取刚生成的加工轨迹,即可生成加工指令。

（2）参数说明。

① 加工参数。

加工参数主要用于对精车加工中的各种工艺条件和加工方式进行限定。各加工参数的含义详述如下(与轮廓粗车相同的省略)。

切削行距:行与行之间的距离,沿加工轮廓走刀一次称为一行。

切削行数:刀位轨迹的加工行数,不包括最后一行的重复次数。

最后一行加工次数:精车时,为了提高表面质量,最后一行常常在相同进给量的情况下进行多次切削,该处定义多次切削的次数。

② 进退刀方式。

点击"进退刀方式"标签,即可进入进退刀方式参数表(见图 6-14)。该参数表用于对加工中的进退刀方式进行设定。各参数的含义与轮廓粗车大致相同。

③ 切削用量。

切削用量参数表的说明请参考轮廓粗车中的说明。

④ 轮廓车刀。

点击"轮廓车刀"标签,即可进入轮廓车刀参数表,设置加工过程中所用刀具的参数。

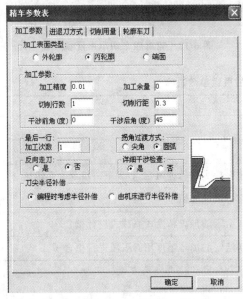

图 6-13　轮廓精车加工参数表　　　图 6-14　轮廓精车进退刀方式参数表

3) 钻中心孔

车削加工中的钻孔位置只能是工件的旋转中心,最终所有的加工轨迹都在工件的旋转轴上,也就是系统的 X 轴(机床的 Z 轴)上。

(1)操作步骤。

在"加工"菜单中选择"钻中心孔"功能项,系统弹出钻孔加工参数表,如图 6-15 所示。用户可在该参数表中确定各加工参数。确定各加工参数后,拾取钻孔的起始点,因为轨迹只能在系统的 X 轴(机床的 Z 轴)上,所以把输入的点向系统的 X 轴投影,得到的投影点即为钻孔的起始点,拾取完钻孔的起始点之后即可生成加工轨迹。

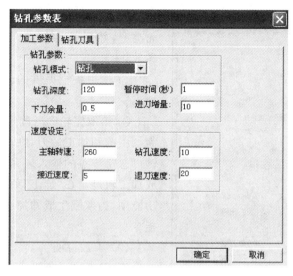

图 6-15　钻孔加工参数表

（2）参数说明。

① 加工参数。

加工参数表主要用于对加工中的各种工艺条件和加工方式进行限定。各加工参数的含义如表 6-14 所示。

表 6-14　钻孔加工参数说明

内　　容	选　项	说　　　明
钻孔参数	钻孔深度	要钻孔的深度
	暂停时间	攻丝时刀在工件底部的停留时间
	钻孔模式	钻孔的方式。钻孔模式不同，后置处理中用到机床的固定循环指令不同
	进刀增量	钻深孔时每次进刀量或镗孔时每次侧进量
	下刀余量	钻下一个孔时，刀具从前一个孔顶端的抬起量
速度设定	接近速度	刀具接近工件的速度
	钻孔速度	钻孔时的进给速度
	主轴转速	机床主轴旋转的速度，计量单位是机床缺省的单位
	退刀速度	刀具离开工件的速度

② 钻孔刀具。

点击“钻孔刀具”标签，即可进入钻孔刀具参数表，设置加工过程中所用刀具的参数。

4）切槽

该功能可以在工件外轮廓表面、内轮廓表面或端面切槽。切槽时要确定被加工轮廓，被加工轮廓就是加工结束后的工件表面轮廓。

（1）操作步骤。

① 在“加工”菜单中选择“切槽”功能项，系统弹出切槽加工参数表，如图 6-16 所示。

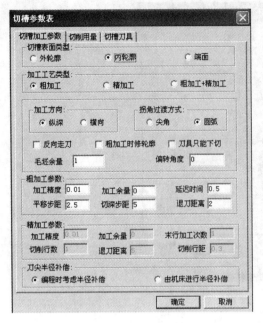

图 6-16　切槽加工参数表

② 在切槽加工参数表中首先确定切槽表面类型,然后按加工要求确定其他各项加工参数。

③ 使用系统提供的轮廓拾取工具拾取被加工轮廓。

④ 拾取完轮廓后确定进退刀点,指定一点为加工前和加工后刀具所在的位置。按鼠标右键可忽略该点的输入。完成上述步骤后即可生成加工轨迹。在"加工"菜单中选择"代码生成"功能项,拾取刚生成的加工轨迹,即可生成加工指令。

（2）参数说明。

① 切槽加工参数。

切槽加工参数主要用于对切槽加工中的各种工艺条件和加工方式进行限定。各加工参数的含义如表 6-15 所示（与轮廓粗车、轮廓精车相同的省略）。

表 6-15　切槽加工参数说明

内　　容	选　　项	说　　　　　明
切槽表面类型	外轮廓	外轮廓切槽,或用切槽刀加工外轮廓
	内轮廓	内轮廓切槽,或用切槽刀加工内轮廓
	端面	端面切槽,或用切槽刀加工端面
加工工艺类型	粗加工	对槽只进行粗加工
	精加工	对槽只进行精加工
	粗加工＋精加工	对槽进行粗加工之后再进行精加工
粗加工参数	延迟时间	粗车槽时,刀具在槽的底部停留的时间
	切深步距	粗车槽时,刀具每一次纵向切槽的切入量(机床 X 向)
	平移步距	粗车槽时,刀具切到指定的切深平移量后进行下一次切削前的水平平移量(机床 Z 向)
	退刀距离	粗车槽时进行下一行切削前退刀到槽外的距离
	加工余量	粗加工时,被加工表面未加工部分的预留量
精加工参数	退刀距离	精加工中切削完一行之后,进行下一行切削前退刀的距离
	加工余量	精加工时,被加工表面未加工部分的预留量
	末行加工次数	精车槽时,为了提高表面质量,最后一行常常在相同进给量的情况下进行多次切削,该处定义多次切削的次数

② 切削用量。

切削用量参数表的说明请参考轮廓粗车中的说明。

③ 切槽刀具。

点击"切槽刀具"标签,即可进入切槽刀具参数表,设置加工过程中所用刀具的参数。

5）螺纹固定循环

该功能采用固定循环方式加工螺纹,输出的代码适用于 FANUC 控制器。

（1）操作步骤。

① 在"加工"菜单中选择"螺纹固定循环"功能项,然后依次拾取螺纹起点、螺纹终点、第一中间点、第二中间点。该功能可以进行两段或三段螺纹连接加工。若只有一段螺纹,则在拾取完终点后按右键。若有两段螺纹,则在拾取完第一中间点后按右键。

② 拾取完毕后,系统弹出螺纹固定循环参数表（见图 6-17）,前面拾取的点的坐标将显示在参数表中,用户可在该参数表中确定各参数。确定各参数后,点击"确定"按钮,生成加工轨迹。该加工轨迹只是一个示意性的轨迹,但是可用于输出固定循环指令。

③ 在"加工"菜单中选择"代码生成"功能项,拾取刚生成的加工轨迹,即可生成加工指令。

（2）参数说明。

螺纹参数表中的螺纹起点、螺纹终点、第一中间点、第二中间点的坐标来自前面的拾取结果。用户可以进一步修改。

粗切次数:螺纹粗切的次数。

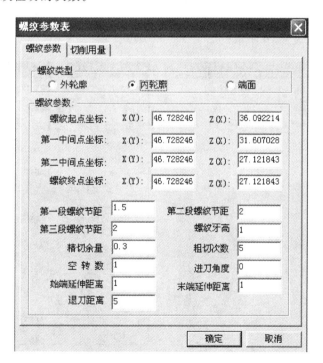

图 6-17　螺纹固定循环参数表

进刀角度:刀具可以垂直于切削方向进刀,也可以沿着侧面进刀。

空转数:指末行走刀次数,为了提高加工质量,最后一行有时需要重复走刀多次,此时需要指定重复走刀次数。

精切余量:螺纹深度减去精切余量为粗切深度。

始端延伸距离:刀具切入点与螺纹始端的距离。

末端延伸距离:刀具退刀点与螺纹末端的距离。

6)车螺纹

该功能采用非固定循环方式加工螺纹,可对螺纹加工中的各种工艺条件和加工方式进行更为灵活的控制。

(1)操作步骤。

① 在"加工"菜单中选择"车螺纹"功能项,然后依次拾取螺纹起点和终点。

② 拾取完毕后,系统弹出螺纹参数表,如图 6-18 所示,前面拾取的点的坐标将显示在参数表中。用户可在该参数表中确定各参数。确定各参数后,点击"确定"按钮,生成加工轨迹。

③ 在"加工"菜单中选择"代码生成"功能项,拾取刚生成的加工轨迹,即可生成加工指令。

(2)参数说明。

螺纹参数表(见图 6-18)主要包含与螺纹性质相关的参数,如螺纹长度、节距、头数等。螺纹起点和终点的坐标来自前面的拾取结果,用户可以进一步修改。

螺纹加工参数表如图 6-19 所示,用于对螺纹加工中的工艺条件和加工方式进行设置。螺纹加工参数说明如表 6-16 所示。

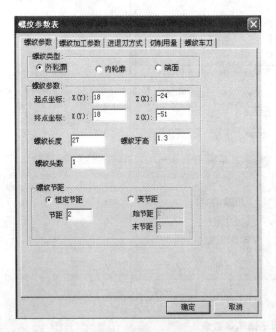

图 6-18 螺纹参数表

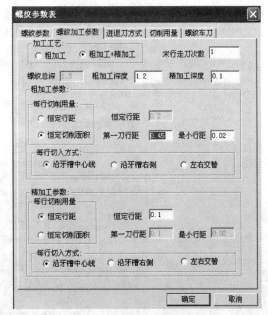

图 6-19 螺纹加工参数表

表 6-16　螺纹加工参数说明

内　容	选　项	说　明
加工工艺	粗加工	直接采用粗切方式加工螺纹
	粗加工+精加工	根据指定的粗加工深度进行粗切后,再采用精切方式(如采用更小的行距)切除剩余余量(精加工深度)
每行切削用量	恒定行距	两相邻切削行之间的距离保持恒定
	恒定切削面积	为了保证每次切削的切削面积恒定,各次切削深度将逐步减小,直至等于最小行距。用户需要指定第一刀行距及最小行距

3. 机床设置与后置处理

1）机床设置

机床设置就是针对不同的机床、不同的数控系统,设置特定的数控代码、数控程序格式及参数,并生成配置文件。生成数控程序时,系统根据该配置文件的定义,生成用户所需要的特定代码格式的加工指令。

机床设置为用户提供了一种灵活方便的设置系统配置参数的方法。通过设置系统配置参数,后置处理所生成的数控程序可以直接输入数控机床或加工中心进行加工,无须进行修改。如果已有的机床类型中没有所需的机床,可增加新的机床类型以满足使用需求,并可对新增的机床进行设置。

"机床类型设置"对话框如图 6-20 所示。可在"机床名"下拉列表中选择一个已存在的机床进行修改。如果没有合适的机床,可点击"增加机床"按钮增加机床。点击"删除机床"按钮可删除当前机床。

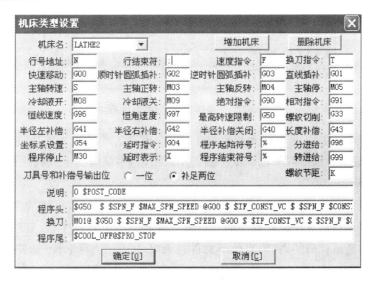

图 6-20　"机床类型设置"对话框

通过该对话框,可以根据所用数控系统的代码规则,对机床的各种指令地址进行设置。说明、程序头、换刀和程序尾,必须根据所使用的数控系统的编程规则,按照宏指令格式书写,否则,生成的数控加工程序可能无法使用。

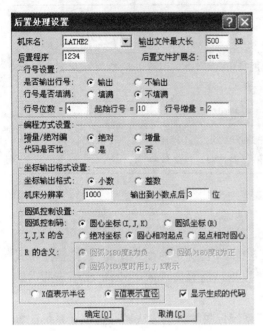

图 6-21 "后置处理设置"对话框

2)后置处理

后置处理就是针对特定的机床,结合已经设置好的机床配置,对后置输出的数控程序的格式,如程序段行号、数据格式、编程方式、圆弧控制方式等进行设置。在"加工"菜单中选择"后置设置"功能项,系统弹出"后置处理设置"对话框,如图 6-21 所示,用户可根据自己的需要更改已有机床的后置设置。

4.代码的生成、查看与反读

1)生成代码

生成代码就是按照当前机床类型的配置要求,把已经生成的加工轨迹转化成 G 代码文件,即数控程序。生成代码的操作步骤如下。

(1)在"加工"菜单中选择"代码生成"功能项,系统弹出一个对话框,要求用户选择后置文件,如图 6-22 所示。

图 6-22 "选择后置文件"对话框

(2)选择后置文件后,系统提示拾取加工轨迹。鼠标左击拾取加工轨迹,拾取到加工轨迹后,该加工轨迹变为被拾取颜色。鼠标右击结束拾取,系统就会生成数控程序。

2)查看代码

查看代码就是查看、编辑已生成代码的内容。在"加工"菜单中选择"查看代码"功能项,系统弹出一个要求用户选择数控程序的对话框。选择一个数控程序后,系统会用 Windows 提供的"记事本"显示代码的内容,当代码文件较大时,需要用"写字板"打开,用户可对代码进行修改。

3)代码反读(校核 G 代码)

代码反读就是把生成的 G 代码文件反读进来,生成加工轨迹,以检查生成的 G 代码是否正确。如果反读的文件中包含圆弧插补,用户应指定相应的圆弧插补格式,否则可能得到错误的结果。若文件中的坐标输出格式为整数,且机床分辨率不为 1,反读的结果是不对的。

在"加工"菜单中选择"代码反读"功能项,系统会弹出一个供用户选择数控程序的对话框。在用户选择要校核的数控程序后,系统会立即生成加工轨迹。

代码反读只能用来对 G 代码的正确性进行检验。由于精度等方面的原因,用户应避免将反读出来的刀位重新输出。

5. 刀具库管理

刀具库管理包括对轮廓车刀、切槽刀具、螺纹车刀和钻孔刀具四种刀具的管理。刀具库管理功能用于定义、确定刀具的有关数据,便于用户从刀具库中获取刀具信息,并对刀具库进行维护。

1) 操作方法

在"加工"菜单中选择"刀具库管理"功能项,系统弹出"刀具库管理"对话框,如图 6-23 所示。用户可以根据自己的需要增加或删除刀具,可以对已有刀具的参数进行修改,还可以更换当前使用的刀具。

2) 刀具参数说明

(1) 共有参数。

轮廓车刀、切槽刀具、钻孔刀具和螺纹车刀四种刀具共有的参数有以下几个。

① 刀具名:刀具的名称,刀具名是唯一的。

② 刀具号:刀具的系列号,用于后置处理的自动换刀指令,刀具号是唯一的。

③ 刀具补偿号:刀具补偿值的序列号。

④ 刀柄长度:刀具可夹持段的长度(切槽刀具和钻孔刀具无此项)。

⑤ 刀柄宽度:刀具可夹持段的宽度(钻孔刀具无此项)。

(2) 轮廓车刀的几何参数。

① 刀角长度:刀具可切削段的长度。

② 刀尖半径:刀尖部分用于切削的圆弧的半径。

③ 刀具前角:刀具主切削刃与工件旋转轴的夹角。

(3) 切槽刀具的几何参数。

① 刀刃宽度:刀具切削刃的宽度。

② 刀尖半径:刀具切削刃两端圆弧的半径。

③ 刀具引角:切槽刀具的副偏角。

(4) 钻孔刀具的几何参数。

① 刀尖角度:主切削刃之间的夹角。

② 刀刃长度:刀具可用于切削部分的长度。

③ 刀杆长度:刀尖到刀柄之间的距离。

(5) 螺纹车刀的几何参数。

① 刀刃长度:刀具切削刃顶部的长度。

② 刀具角度:螺纹车刀的刀尖角。

③ 刀尖宽度:刀尖部分横刃的宽度。

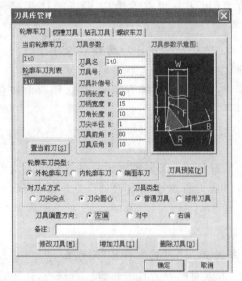

(a) 轮廓车刀

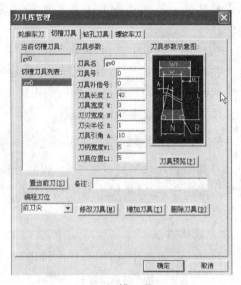

(b) 切槽刀具

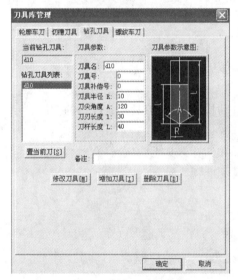

(c) 钻孔刀具

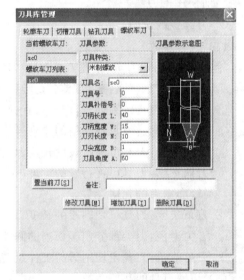

(d) 螺纹车刀

图 6-23 "刀具库管理"对话框

■ 6.2 自动编程实例

数控车床自动编程一般通过以下几个步骤来完成一个零件的加工任务:分析加工图纸和工艺单;确定加工路线和装夹方法;用 CAXA 数控车自动编制加工程序;加工操作和检验。下面是几个 CAXA 数控车自动编程的实例。

6.2.1　轴类零件的加工

1. 分析加工图纸和工艺单

图 6-24 所示为一个轴类零件,车削该零件包括粗车外轮廓、精车外轮廓、切断等工序。

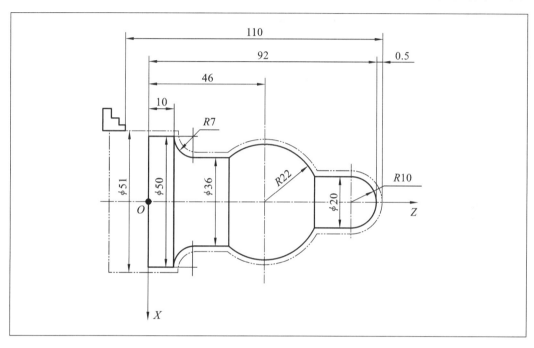

图 6-24　轴类零件图样

2. 确定加工路线和装夹方法

由于该零件是一个实心轴,并且轴的长度不是很长,所以以工件的左端面作为定位基准,在车削时,利用三爪卡盘夹零件一端,另一端用顶尖支承。

该零件的工艺卡片如表 6-17 所示,刀具卡片如表 6-18 所示。

表 6-17　轴类零件工艺卡片

零件名称	轴	数　量		6		年　月		
工　序	名　　　称		工　艺　要　求			工 作 者	日　期	
1	下料		$\phi55 \times 120$ 棒料 6 根					
2	车削		车削外圆到 $\phi54$					
3	热处理		调质处理 HB 220-250					
4	数控车削		粗车外轮廓、精车外轮廓,达零件图尺寸					
5	车削		切断,保证总长等于 92 mm					
6	检验							
	材料		45 号钢		备注:			
	规格		$\phi55 \times 120$					

表 6-18　轴类零件刀具卡片

刀具号	刀具规格	数量	加工内容	刀尖半径/mm	主轴转速/(r/min)	进给速度/(mm/r)	备注
T01	93°外圆偏刀	1	粗车外轮廓	1	400	0.2	
T02	93°外圆偏刀	1	精车外轮廓	0.5	400	0.08	

3. 编制加工程序

（1）用 CAXA 数控车绘制轴的外轮廓图，将坐标系原点选在零件左端面的中心，如图 6-25 所示。

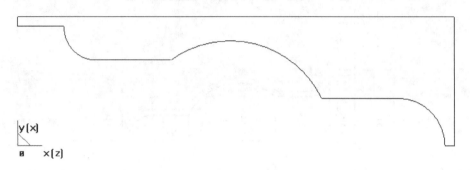

图 6-25　轴的外轮廓图

（2）粗车外轮廓。在 CAXA 数控车的"加工"菜单中选择"轮廓粗车"功能项，系统弹出"粗车参数表"对话框，具体参数设置如表 6-19、表 6-20、表 6-21 和表 6-22 所示。设置完各参数后，点击"确定"按钮，根据系统提示拾取加工表面轮廓和毛坯轮廓，然后确定进退刀点，生成刀具轨迹，如图 6-26 所示。

表 6-19　粗车加工参数表

内　容	参　数	对　话　框
加工表面类型	外轮廓	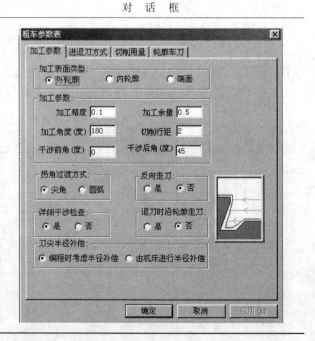
加工精度	0.1 mm	
加工余量	0.5 mm	
加工角度	180°	
切削行距	2 mm	
干涉前角	0°	
干涉后角	45°	
拐角过渡方式	尖角	
反向走刀	否	
详细干涉检查	是	
退刀时沿轮廓走刀	否	
刀尖半径补偿	编程时考虑半径补偿	

表 6-20　粗车进退刀方式参数表

内　容	参　数	对　话　框
每行相对毛坯进刀方式	与加工表面成定角，$l=1$ mm，$A=45°$	
每行相对加工表面进刀方式	与加工表面成定角，$l=1$ mm，$A=45°$	
每行相对毛坯退刀方式	与加工表面成定角，$l=1$ mm，$A=45°$	
每行相对加工表面退刀方式	与加工表面成定角，$l=1$ mm，$A=45°$	
快速退刀距离	$L=5$ mm	

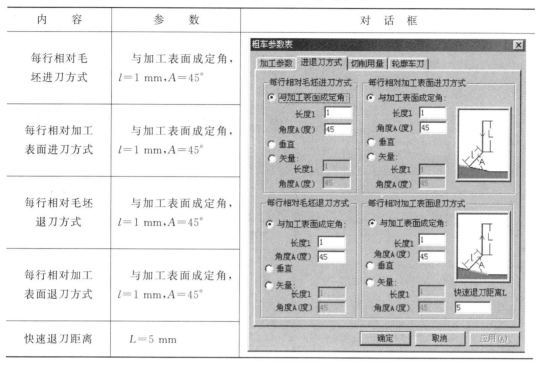

表 6-21　粗车切削用量参数表

内　容	参　数	对　话　框
主轴转速	400 r/min	
接近速度	0.5 mm/r	
退刀速度	5 mm/r	
切削速度	0.2 mm/r	
主轴最高转速	10 000 r/min	
主轴转速选项	恒转速	
样条拟合方式	圆弧拟合	

表 6-22   粗车轮廓车刀参数表

内　　容	参　数	对　话　框
刀具名	粗车刀	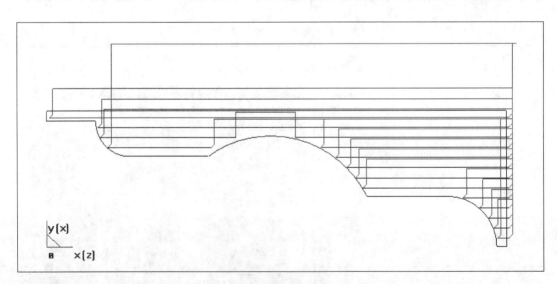
刀具号	1	
刀具补偿号	1	
刀柄长度	60 mm	
刀柄宽度	20 mm	
刀角长度	10 mm	
刀尖半径	1 mm	
刀具前角	87°	
刀具后角	60°	
轮廓车刀类型	外轮廓车刀	
刀具偏置方向	左偏	

图 6-26   轴的粗车刀具轨迹

（3）精车外轮廓。在 CAXA 数控车的"加工"菜单中选择"轮廓精车"功能项，系统弹出"精车参数表"对话框，具体参数设置如表 6-23、表 6-24、表 6-25 和表 6-26 所示。设置完各参数后，点击"确定"按钮，根据系统提示拾取加工表面轮廓和毛坯轮廓，然后确定进退刀点，生成刀具轨迹，如图 6-27 所示。

表 6-23　精车加工参数表

内　　容	参　　数	对　话　框
加工表面类型	外轮廓	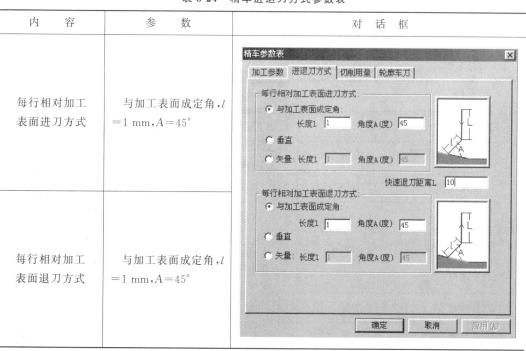
加工精度	0.01 mm	
加工余量	0 mm	
切削行数	1	
切削行距	0.5 mm	
干涉前角	0°	
干涉后角	45°	
拐角过渡方式	尖角	
反向走刀	否	
详细干涉检查	是	
刀尖半径补偿	编程时考虑半径补偿	

表 6-24　精车进退刀方式参数表

内　　容	参　　数	对　话　框
每行相对加工表面进刀方式	与加工表面成定角，$l=1$ mm，$A=45°$	
每行相对加工表面退刀方式	与加工表面成定角，$l=1$ mm，$A=45°$	

表 6-25　精车切削用量参数表

内　　容	参　　数	对　话　框
主轴转速	400 r/min	
接近速度	1.5 mm/r	
退刀速度	5 mm/r	
切削速度	0.2 mm/r	
主轴最高转速	10 000 r/min	
主轴转速选项	恒转速	
样条拟合方式	圆弧拟合	

表 6-26　精车轮廓车刀参数表

内　　容	参　　数	对　话　框
刀具名	精车刀	
刀具号	2	
刀具补偿号	2	
刀柄长度	60 mm	
刀柄宽度	25 mm	
刀角长度	10 mm	
刀尖半径	0.5 mm	
刀具前角	87°	
刀具后角	52°	
轮廓车刀类型	外轮廓车刀	
刀具偏置方向	左偏	

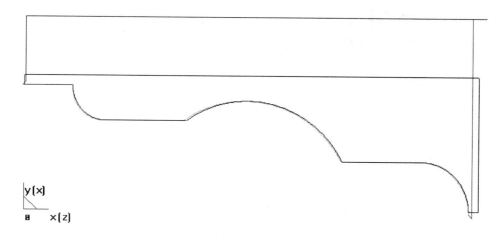

图 6-27　轴的精车刀具轨迹

（4）在 CAXA 数控车的"加工"菜单中选择"轨迹仿真"功能项，依次选取粗车、精车的刀具轨迹进行仿真加工，生成仿真加工轨迹，如图 6-28 所示。

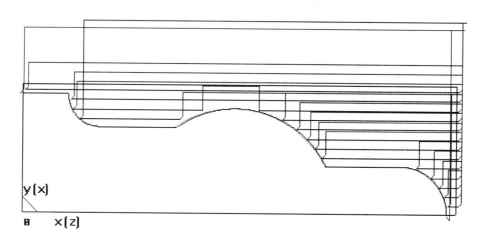

图 6-28　轴的仿真加工轨迹

（5）生成加工程序。在生成加工程序之前，要先进行 FANUC 系统的机床类型设置（见图 6-29）和后置处理设置。设置好以后，在"加工"菜单中选择"代码生成"功能项，系统弹出一个对话框，要求用户选择后置文件，如图 6-30 所示。确定文件位置后，依次拾取粗车、精车的刀具轨迹，生成的加工程序如下。

%
N10 G90 G50 G00 X0.000 Z0.000 T0101；
N12 S400 M03；
N14 X80.787 Z96.093；
N16 Z95.207；
N18 X62.814；
N20 G50 S10000；

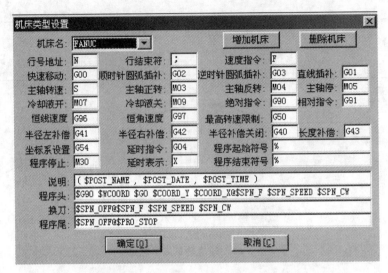

图 6-29 FANUC 系统的机床类型设置(轴)

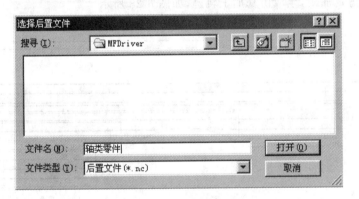

图 6-30 选择后置文件(轴)

N22 G97 S400;

N24 G01 X52.814 F0.500;

N26 X51.400 Z94.500;

N28 Z0.500 F0.200;

N30 X52.814 Z1.207 F5.000;

N32 X62.814;

N34 G00 Z95.207;

N36 G01 X48.814 F0.500;

N38 X47.400 Z94.500;

N40 Z10.500 F0.200;

N42 X48.814 Z11.207 F5.000;

N44 X58.814;

N46 G00 Z95.207;

N48 G01 X44.814 F0.500;

N50 X43.400 Z94.500；

N52 Z51.079 F0.200；

N54 X53.400 F5.000；

N56 G00 Z38.921；

N58 G01 X43.400 F0.500；

N60 Z10.945 F0.200；

N62 X44.814 Z11.652 F5.000；

N64 X54.814；

N66 G00 Z95.207；

N68 G01 X40.814 F0.500；

N70 X39.400 Z94.500；

N72 Z56.125 F0.200；

N74 X40.814 Z56.832 F5.000；

N76 X50.814；

N78 G00 Z95.207；

N80 G01 X36.814 F0.500；

N82 X35.400 Z94.500；

N84 Z59.232 F0.200；

N86 X36.814 Z59.939 F5.000；

N88 X46.814；

N90 G00 Z95.207；

N92 G01 X32.814 F0.500；

N94 X31.400 Z94.500；

N96 Z61.534 F0.200；

N98 X32.814 Z62.241 F5.000；

N100 X42.814；

N102 G00 Z95.207；

N104 G01 X28.814 F0.500；

N106 X27.400 Z94.500；

N108 Z63.335 F0.200；

N110 X28.814 Z64.042 F5.000；

N112 X38.814；

N114 G00 Z95.207；

N116 G01 X24.814 F0.500；

N118 X23.400 Z94.500；

N120 Z64.773 F0.200；

N122 X24.814 Z65.480 F5.000；

N124 X34.814；

N126 G00 Z95.207；

N128 G01 X20.814 F0.500；

N130 X19.400 Z94.500；

N132 Z85.214 F0.200；

N134 X20.814 Z85.921 F5.000；

N136 X30.814；

N138 G00 Z95.207；

N140 G01 X16.814 F0.500；

N142 X15.400 Z94.500；

N144 Z88.521 F0.200；

N146 X16.814 Z89.228 F5.000；

N148 X26.814；

N150 G00 Z95.207；

N152 G01 X12.814 F0.500；

N154 X11.400 Z94.500；

N156 Z90.347 F0.200；

N158 X12.814 Z91.054 F5.000；

N160 X22.814；

N162 G00 Z95.207；

N164 G01 X8.814 F0.500；

N166 X7.400 Z94.500；

N168 Z91.496 F0.200；

N170 X8.814 Z92.203 F5.000；

N172 X18.814；

N174 G00 Z95.207；

N176 G01 X4.814 F0.500；

N178 X3.400 Z94.500；

N180 Z92.179 F0.200；

N182 X4.814 Z92.886 F5.000；

N184 X50.814；

N186 G00 Z34.582；

N188 G01 X40.814 F0.500；

N190 X39.400 Z33.875；

N192 Z12.463 F0.200；

N194 X40.814 Z13.170 F5.000；

N196 X62.814；

N198 G00 X80.787；

N200 Z96.093；

N202 M05 T0202；

N204 S400 M03；

N206 X77.737 Z95.635；

N208 Z92.707；

N210 X61.414；

N212 G50 S10000；

N214 G97 S400；

N216 G01 X－2.414 F1.500；

N218 X－1.000 Z92.000；

N220 G03 X20.000 Z81.500 I0.000 K－10.500 F0.200；

N222 G01 Z65.400；

N224 G03 X36.000 Z32.694 I－10.500 K－19.900；

N226 G01 Z16.181；

N228 G02 X48.363 Z10.000 I6.338 K0.156；

N230 G01 X50.000；

N232 Z－0.500；

N234 X51.414 Z0.207 F5.000；

N236 X61.414；

N238 G00 X77.737；

N240 Z95.635；

N242 M05；

N244 M30；

％

6.2.2　套类零件的加工

1. 分析加工图纸和工艺单

图 6-31 所示为一个套类零件,图形比较简单,尺寸公差较大,没有位置要求,孔的表面粗糙度为 3.2 mm。

2. 确定加工路线和装夹方法

在车削时,利用三爪卡盘夹零件一端,另一端用顶尖支承,先加工 φ70 外圆、φ60 外圆及台阶,保证切断后,零件总长为 174 mm,然后车削 φ40 孔,最后倒角。

该零件的工艺卡片如表 6-27 所示,刀具卡片如表 6-28 所示。

表 6-27　套类零件工艺卡片

零件名称	套		数　量		8		年　月		
工　序	名　　称		工　艺　要　求				工 作 者	日　期	
1	下料		φ75×200 棒料 8 根						
2	车削		车削外圆到 φ73,孔到 φ36						

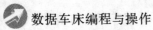
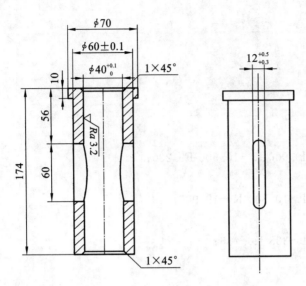

技术要求:
(1) 内孔表面不能有毛刺;
(2) 调质处理HB 220-250;
(3) 注意尺寸的一致性。

图 6-31　套类零件图样

续表

工　序	名　　　称	工 艺 要 求	工 作 者	日　　期
3	热处理	调质处理 HB 220-250		
4	数控车削	除 12×60 槽外,其余达零件图尺寸,尺寸要保持一致		
5	铣削	铣槽 12×60,ϕ40 孔不得留有毛刺		
6	检验			
材料		45 号钢	备注:	
规格		ϕ75×200		

表 6-28　套类零件刀具卡片

刀具号	刀具规格	数量	加工内容	刀尖半径/mm	主轴转速/(r/min)	进给速度/(mm/r)	备注
T01	90°偏刀	1	粗车外圆 ϕ70 和 ϕ60	0.5	300	0.08	
T02	90°偏刀	1	精车外圆 ϕ70 和 ϕ60	0.2	300	0.08	
T03	切槽刀	1	切槽	0.2	300	0.08	

3. 编制加工程序

(1) 用 CAXA 数控车绘制套的轮廓图,将坐标系原点选在零件端面的中心,如图 6-32 所示。画出毛坯轮廓、零件实体和切断位置,并且要把两处倒角 1×45°画出来。

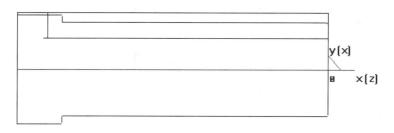

图 6-32 套的轮廓图

（2）粗车外圆 ϕ70 和 ϕ60。在 CAXA 数控车的"加工"菜单中选择"轮廓粗车"功能项，系统弹出"粗车参数表"对话框，具体参数设置如表 6-29、表 6-30、表 6-31 和表 6-32 所示。设置完各参数后，点击"确定"按钮，根据系统提示拾取加工表面轮廓和毛坯轮廓，然后确定进退刀点，生成刀具轨迹，如图 6-33 所示。

表 6-29 粗车加工参数表

内　　容	参　　数	对　话　框
加工表面类型	外轮廓	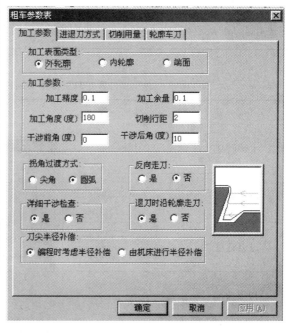
加工精度	0.1 mm	
加工余量	0.1 mm	
加工角度	180°	
切削行距	2 mm	
干涉前角	0°	
干涉后角	10°	
拐角过渡方式	圆弧	
反向走刀	否	
详细干涉检查	是	
退刀时沿轮廓走刀	是	
刀尖半径补偿	编程时考虑半径补偿	

表 6-30　粗车进退刀方式参数表

内　容	参　数	对　话　框
每行相对毛坯进刀方式	与加工表面成定角，$l=1$ mm，$A=45°$	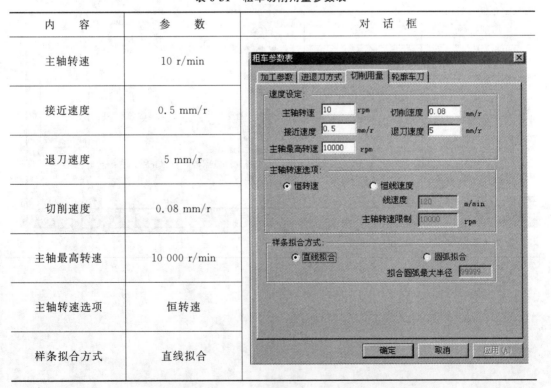
每行相对加工表面进刀方式	与加工表面成定角，$l=1$ mm，$A=45°$	
每行相对毛坯退刀方式	与加工表面成定角，$l=1$ mm，$A=45°$	
每行相对加工表面退刀方式	与加工表面成定角，$l=1$ mm，$A=90°$	
快速退刀距离	$L=10$ mm	

表 6-31　粗车切削用量参数表

内　容	参　数	对　话　框
主轴转速	10 r/min	
接近速度	0.5 mm/r	
退刀速度	5 mm/r	
切削速度	0.08 mm/r	
主轴最高转速	10 000 r/min	
主轴转速选项	恒转速	
样条拟合方式	直线拟合	

表 6-32　粗车轮廓车刀参数表

内　　容	参　数	对　话　框
刀具名	粗车刀	
刀具号	1	
刀具补偿号	0	
刀柄长度	40 mm	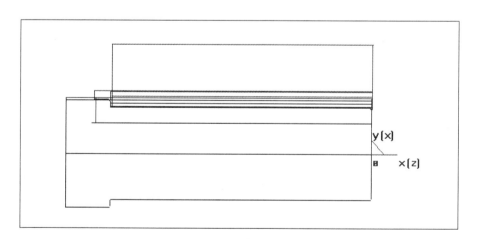
刀柄宽度	15 mm	
刀角长度	10 mm	
刀尖半径	0.5 mm	
刀具前角	80°	
刀具后角	10°	
轮廓车刀类型	外轮廓车刀	
刀具偏置方向	左偏	

图 6-33　套的粗车刀具轨迹

（3）精车外圆 $\phi 70$ 和 $\phi 60$。在 CAXA 数控车的"加工"菜单中选择"轮廓精车"功能项，系统弹出"精车参数表"对话框，具体参数设置如表 6-33、表 6-34、表 6-35 和表 6-36 所示。设置完各参数后，点击"确定"按钮，根据系统提示拾取加工表面轮廓和毛坯轮廓，然后确定进退刀点，生成刀具轨迹，如图 6-34 所示。

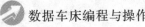

表 6-33 精车加工参数表

内　容	参　数	对　话　框
加工表面类型	外轮廓	
加工精度	0.01 mm	
加工余量	0 mm	
切削行数	1	
切削行距	0.5 mm	
干涉前角	0°	
干涉后角	10°	
拐角过渡方式	圆弧	
反向走刀	否	
详细干涉检查	是	
刀尖半径补偿	编程时考虑半径补偿	

表 6-34 精车进退刀方式参数表

内　容	参　数	对　话　框
每行相对加工表面进刀方式	与加工表面成定角，$l=1$ mm，$A=45°$	
每行相对加工表面退刀方式	与加工表面成定角，$l=1$ mm，$A=45°$	

表 6-35　精车切削用量参数表

内　容	参　数	对　话　框
主轴转速	10 r/min	
接近速度	0.5 mm/r	
退刀速度	5 mm/r	
切削速度	0.08 mm/r	
主轴最高转速	10 000 r/min	
主轴转速选项	恒转速	
样条拟合方式	直线拟合	

表 6-36　精车轮廓车刀参数表

内　容	参　数	对　话　框
刀具名	精车刀	
刀具号	2	
刀具补偿号	2	
刀柄长度	40 mm	
刀柄宽度	15 mm	
刀角长度	10 mm	
刀尖半径	0.2 mm	
刀具前角	80°	
刀具后角	10°	
轮廓车刀类型	外轮廓车刀	
刀具偏置方向	左偏	

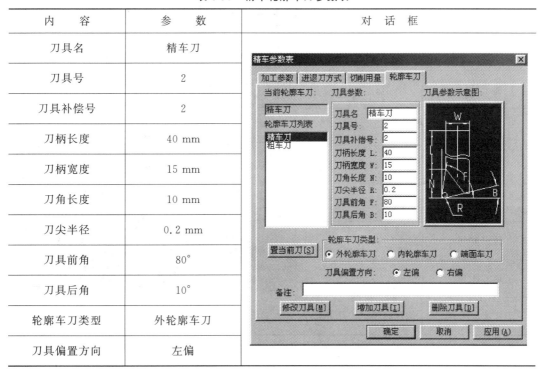

　　（4）切槽，保证总长为 174 mm。在 CAXA 数控车的"加工"菜单中选择"切槽"功能项，系统弹出"切槽参数表"对话框，具体参数设置如表 6-37、表 6-38 和表 6-39 所示。设置完各

图 6-34　套的精车刀具轨迹

参数后,点击"确定"按钮,根据系统提示拾取轮廓,然后确定进退刀点,生成刀具轨迹,如图 6-35 所示。

表 6-37　切槽加工参数表

内　　容	参　数	对　话　框
切槽表面类型	外轮廓	
加工工艺类型	粗加工	
拐角过渡方式	尖角	
加工精度	0.1 mm	
加工余量	0 mm	
平移步距	2 mm	
切深步距	2 mm	
延迟时间	0 s	
退刀距离	5 mm	
刀尖半径补偿	编程时考虑半径补偿	

表 6-38　切槽切削用量参数表

内　　容	参　　数	对　话　框
主轴转速	10 r/min	
接近速度	0.5 mm/r	
退刀速度	5 mm/r	
切削速度	0.08 mm/r	
主轴最高转速	10 000 r/min	
主轴转速选项	恒转速	
样条拟合方式	圆弧拟合	

表 6-39　切槽刀具参数表

内　　容	参　　数	对　话　框
刀具名	切槽刀	
刀具号	3	
刀具补偿号	0	
刀具长度	40 mm	
刀柄宽度	2 mm	
刀刃宽度	2 mm	
刀尖半径	0.2 mm	
刀具引角	1°	

（5）在 CAXA 数控车的"加工"菜单中选择"轨迹仿真"功能项，依次选取粗车、精车、切槽的刀具轨迹进行仿真加工，生成仿真加工轨迹，如图 6-36 所示。

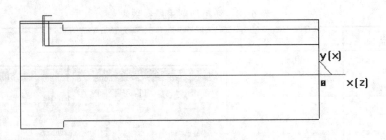

图 6-35 套的切槽刀具轨迹

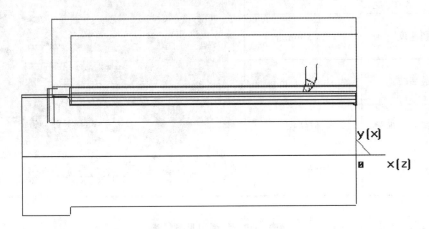

图 6-36 套的仿真加工轨迹

(6)生成加工程序。在生成加工程序之前,要先进行 FANUC 系统的机床类型设置(见图 6-37)和后置处理设置。设置好以后,在"加工"菜单中选择"代码生成"功能项,系统弹出一个对话框,要求用户选择后置文件,如图 6-38 所示。确定文件位置后,依次拾取粗车、精车、切槽的刀具轨迹,生成的加工程序如下。

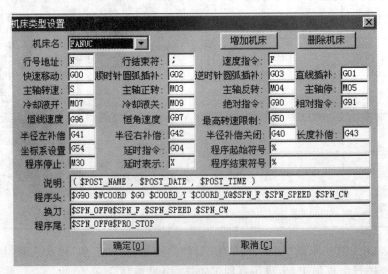

图 6-37 FANUC 系统的机床类型设置(套)

图 6-38 选择后置文件（套）

%

N10 G90 G54 G00 X0.000 Z0.000 T0000；

N20 S1000 M03；

N30 X142.390 Z1.399；

N40 Z0.807；

N50 X80.614；

N60 G50 S10000；

N70 G97 S300；

N80 G01 X70.614 F0.500；

N90 X69.200 Z0.100；

N100 Z−174.751 F0.080；

N110 X69.556 Z−174.929；

N120 G03 X70.200 Z−175.707 I0.778 K0.778；

N130 G01 Z−185.000；

N140 X72.200 F5.000；

N150 X82.200；

N160 G00 Z0.807；

N170 G01 X66.614 F0.500；

N180 X65.200 Z0.100；

N190 Z−173.900 F0.080；

N200 X66.586；

N210 G03 X68.141 Z−174.222 I0.000 K1.100；

N220 G01 X69.200 Z−174.751；

N230 X70.614 Z−174.044 F5.000；

N240 X80.614；

N250 G00 Z0.807；

N260 G01 X62.614 F0.500；

N270 X61.200 Z0.100；

N280 Z－173.900 F0.080；

N290 X65.200；

N300 Z－172.900 F5.000；

N310 X75.200；

N320 G00 Z0.778；

N330 G01 X58.141 F0.500；

N340 Z－0.222；

N350 X59.556 Z－0.929 F0.080；

N360 G03 X60.200 Z－1.707 I0.778 K0.778；

N370 G01 Z－173.900；

N380 X61.200；

N390 Z－172.900 F5.000；

N400 X80.614；

N410 G00 X142.390；

N420 Z1.399；

N430 M05 T0000；

N440 S10 M03；

N450 X162.182 Z－0.319；

N460 Z0.707；

N470 X82.000；

N480 G50 S10000；

N490 G97 S300；

N500 G01 X58.000 F0.500；

N510 Z－0.293；

N520 X59.414 Z－1.000 F0.080；

N530 G03 X60.000 Z－1.707 I0.707 K0.707；

N540 G01 Z－174.000；

N550 X66.586；

N560 G03 X68.000 Z－174.293 I0.000 K1.000；

N570 G01 X69.414 Z－175.000；

N580 G03 X70.000 Z－175.707 I0.707 K0.707；

N590 G01 Z－185.000；

N600 X72.000 F5.000；

N610 X82.000；

N620 G00 X162.182；

N630 Z－0.319；

N640 M05 T0000；

N650 S10 M03；

N660 X79.565 Z－181.637；

N670 X80.000 Z－187.100；

N680 G50 S10000；

N690 G97 S300；

N700 G01 X70.000 F0.500；

N710 X58.000 F0.080；

N720 G04 X0.500；

N730 X80.000 F5.000；

N740 G00 Z－188.000；

N750 G01 X70.000 F0.500；

N760 X58.000 F0.080；

N770 G04 X0.500；

N780 X80.000 F5.000；

N790 G00 Z－187.100；

N800 G01 X70.000 F0.500；

N810 X48.000 F0.080；

N820 G04 X0.500；

N830 X80.000 F5.000；

N840 G00 Z－188.000；

N850 G01 X70.000 F0.500；

N860 X48.000 F0.080；

N870 G04 X0.500；

N880 X80.000 F5.000；

N890 G00 Z－187.100；

N900 G01 X70.000 F0.500；

N910 X40.200 F0.080；

N920 G04 X0.500；

N930 X80.000 F5.000；

N940 G00 Z－188.000；

N950 G01 X70.000 F0.500；

N960 X40.200 F0.080；

N970 G04 X0.500；

N980 X80.000 F5.000；

N990 G00 X79.565 Z－181.637；

N1000 M05；

N1010 M30；

％

6.2.3　带螺纹的轴类零件的加工

（1）图 6-39 所示的零件为典型的车削零件，首先用 CAXA 数控车绘制该零件的轮廓图，将坐标系原点选在零件左端面回转中心处。

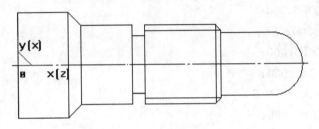

图 6-39　带螺纹的轴类零件造型图

（2）粗车外轮廓。在零件造型的基础上，画出零件毛坯图形（注意零件的外轮廓要与毛坯形成闭合的轮廓线，否则会在拾取时出现选取失败），然后在 CAXA 数控车的"加工"菜单中选择"轮廓粗车"功能项，系统弹出"粗车参数表"对话框，具体参数设置如表 6-40、表 6-41、表 6-42 和表 6-43 所示。设置完各参数后，点击"确定"按钮，根据系统提示拾取加工表面轮廓和毛坯轮廓，然后确定进退刀点，生成刀具轨迹，如图 6-40 所示。

表 6-40　粗车加工参数表

内　　容	参　　数	对　话　框
加工表面类型	外轮廓	
加工精度	0.1 mm	
加工余量	0.2 mm	
加工角度	180°	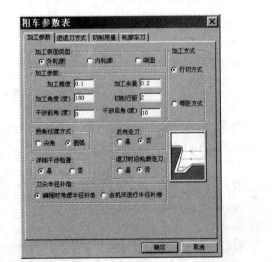
切削行距	2 mm	
干涉前角	0°	
干涉后角	10°	
拐角过渡方式	圆弧	
反向走刀	否	
详细干涉检查	是	
退刀时沿轮廓走刀	否	
刀尖半径补偿	编程时考虑半径补偿	

表 6-41　粗车进退刀方式参数表

内　容	参　数	对　话　框
每行相对毛坯进刀方式	与加工表面成定角，$l=1$ mm，$A=45°$	
每行相对加工表面进刀方式	与加工表面成定角，$l=1$ mm，$A=45°$	
每行相对毛坯退刀方式	与加工表面成定角，$l=1$ mm，$A=45°$	
每行相对加工表面退刀方式	与加工表面成定角，$l=1$ mm，$A=45°$	
快速退刀距离	$L=5$ mm	

表 6-42　粗车切削用量参数表

内　容	参　数	对　话　框
主轴转速	700 r/min	
接近速度	0.5 mm/r	
退刀速度	5 mm/r	
切削速度	0.2 mm/r	
主轴转速选项	恒转速	
样条拟合方式	圆弧拟合	

表 6-43　粗车轮廓车刀参数表

内　容	参　数	对　话　框
刀具名	lt0	
刀具号	0	
刀具补偿号	0	
刀柄长度	40 mm	
刀柄宽度	15 mm	
刀角长度	10 mm	
刀尖半径	0.2 mm	
刀具前角	87°	
刀具后角	10°	
轮廓车刀类型	外轮廓车刀	
刀具偏置方向	左偏	

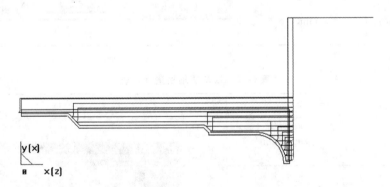

图 6-40　带螺纹的轴的粗车刀具轨迹

（3）精车外轮廓。在 CAXA 数控车的"加工"菜单中选择"轮廓精车"功能项,系统弹出"精车参数表"对话框,具体参数设置如表 6-44、表 6-45、表 6-46 和表 6-47 所示。设置完各参数后,点击"确定"按钮,根据系统提示拾取加工表面轮廓和毛坯轮廓,然后确定进退刀点,生成刀具轨迹,如图 6-41 所示。

表 6-44 精车加工参数表

内　　容	参　　数	对　话　框
加工表面类型	外轮廓	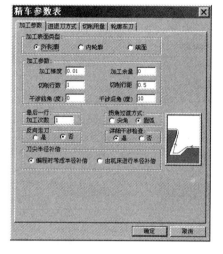
加工精度	0.01 mm	
加工余量	0 mm	
切削行数	1	
切削行距	0.5 mm	
干涉前角	0°	
干涉后角	10°	
拐角过渡方式	圆弧	
反向走刀	否	
详细干涉检查	是	
刀尖半径补偿	编程时考虑半径补偿	

表 6-45 精车进退刀方式参数表

内　　容	参　　数	对　话　框
每行相对加工表面进刀方式	与加工表面成定角，l $=1$ mm，$A=45°$	
每行相对加工表面退刀方式	与加工表面成定角，l $=1$ mm，$A=45°$	

表 6-46　精车切削用量参数表

内　　容	参　　数	对　话　框
主轴转速	800 r/min	
接近速度	1.5 mm/r	
退刀速度	5 mm/r	
切削速度	0.1 mm/r	
主轴最高转速	10 000 r/min	
主轴转速选项	恒转速	
样条拟合方式	圆弧拟合	

表 6-47　精车轮廓车刀参数表

内　　容	参　　数	对　话　框
刀具名	lt1	
刀具号	1	
刀具补偿号	1	
刀柄长度	40 mm	
刀柄宽度	15 mm	
刀角长度	10 mm	
刀尖半径	0.2 mm	
刀具前角	87°	
刀具后角	10°	
轮廓车刀类型	外轮廓车刀	
刀具偏置方向	左偏	

（4）在 CAXA 数控车的"加工"菜单中选择"轨迹仿真"功能项，依次选取粗车、精车的刀具轨迹进行仿真加工，生成仿真加工轨迹，如图 6-42 所示。

（5）生成加工程序。在生成加工程序之前，要先进行 FANUC 系统的机床类型设置（见图 6-43）和后置处理设置。设置好以后，在"加工"菜单中选择"代码生成"功能项，系统弹出一个对话框，要求用户选择后置文件，如图 6-44 所示。确定文件位置后，依次拾取粗车、精车的刀具轨迹，生成的加工程序如下。

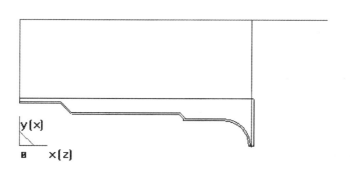

图 6-41　带螺纹的轴的精车刀具轨迹

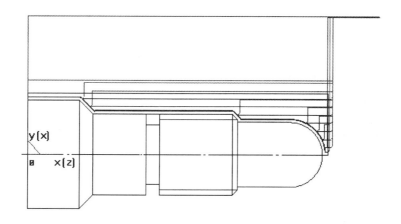

图 6-42　带螺纹的轴的仿真加工轨迹

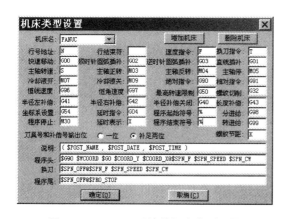

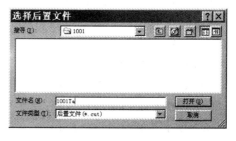

图 6-43　FANUC 系统的机床类型设置
（带螺纹的轴）

图 6-44　选择后置文件（带螺纹的轴）

```
%
N10 G90 G50 G00 X50.709 Z133.856；
N12 S700 M03；
N14 G00 X50.709 Z133.856；
N16 G00 Z115.907；
```

N18 G00 X26.407；

N20 G01 X21.407 F0.500；

N22 G01 X20.700 Z115.200；

N24 G01 Z20.997 F0.100；

N26 G01 X20.849 Z20.849；

N28 G03 X21.200 Z20.000 I−0.849 K−0.849；

N30 G01 Z0.000；

N32 G01 X22.200 F5.000；

N34 G01 X27.200；

N36 G00 Z115.907；

N38 G01 X18.407 F0.500；

N40 G01 X17.700 Z115.200；

N42 G01 Z23.997 F0.100；

N44 G01 X20.700 Z20.997；

N46 G01 X21.407 Z21.704 F5.000；

N48 G01 X26.407；

N50 G00 Z115.907；

N52 G01 X15.407 F0.500；

N54 G01 X14.700 Z115.200；

N56 G01 Z79.997 F0.100；

N58 G01 X15.849 Z78.849；

N60 G03 X16.200 Z78.000 I−0.849 K−0.849；

N62 G01 Z50.000；

N64 G01 Z45.000；

N66 G01 Z25.497；

N68 G01 X17.700 Z23.997；

N70 G01 X18.407 Z24.704 F5.000；

N72 G01 X23.407；

N74 G00 Z115.907；

N76 G01 X12.407 F0.500；

N78 G01 X11.700 Z115.200；

N80 G01 Z106.111 F0.100；

N82 G03 X13.200 Z100.000 I−11.700 K−6.111；

N84 G01 Z81.183；

N86 G03 X13.849 Z80.849 I−0.200 K−1.183；

N88 G01 X14.700 Z79.997；

N90 G01 X15.407 Z80.704 F5.000；

N92 G01 X20.407；

N94 G00 Z115.907；

N96 G01 X9.407 F0.500；

N98 G01 X8.700 Z115.200；

N100 G01 Z109.927 F0.100；

N102 G03 X11.700 Z106.111 I−8.700 K−9.927；

N104 G01 X12.586 Z106.574 F5.000；

N106 G01 X17.586；

N108 G00 Z115.907；

N110 G01 X6.407 F0.500；

N112 G01 X5.700 Z115.200；

N114 G01 Z111.906 F0.100；

N116 G03 X8.700 Z109.927 I−5.700 K−11.906；

N118 G01 X9.359 Z110.679 F5.000；

N120 G01 X14.359；

N122 G00 Z115.907；

N124 G01 X3.407 F0.500；

N126 G01 X2.700 Z115.200；

N128 G01 X6.132 Z112.808 F5.000；

N130 G01 X11.132；

N132 G00 Z114.707；

N134 G01 X1.907 F0.500；

N136 G01 X1.200 Z114.000；

N138 G01 Z113.145 F0.100；

N140 G03 X2.700 Z112.921 I−1.200 K−13.145；

N142 G01 X2.905 Z113.900 F5.000；

N144 G01 X26.407；

N146 G00 X50.709；

N148 G00 Z133.856；

N150 M05；

N152 S700 M03；

N154 G00 X50.973 Z133.724；

N156 G00 Z114.707；

N158 G00 X27.000；

N160 G01 X1.707 F0.500；

N162 G01 X1.000 Z114.000；

N164 G01 Z112.961 F0.100；

N166 G03 X13.000 Z100.000 I−1.000 K−12.961；

N168 G01 Z81.000；

N170 G03 X13.707 Z80.707 I0.000 K−1.000；

N172 G01 X15.707 Z78.707；

N174 G03 X16.000 Z78.000 I－0.707 K－0.707；

N176 G01 Z50.000；

N178 G01 Z45.000；

N180 G01 Z25.414；

N182 G01 X20.707 Z20.707；

N184 G03 X21.000 Z20.000 I－0.707 K－0.707；

N186 G01 Z0.000；

N188 G01 X22.000 F5.000；

N190 G01 X27.000；

N192 G00 X50.973；

N194 G00 Z133.724；

N196 M05；

N198 M30；

％

<h1 style="text-align:center">习　题</h1>

1. 使用自动编程的方法编制图 6-45 所示零件的加工程序。

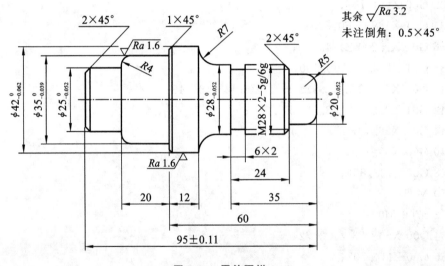

图 6-45　零件图样 1

2. 使用自动编程的方法编制图 6-46 所示零件的加工程序。

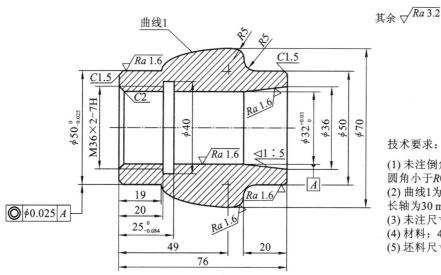

图 6-46　零件图样 2

3. 使用自动编程的方法编制图 6-47 所示零件的加工程序。

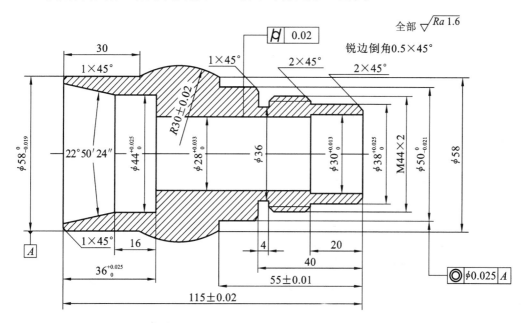

技术要求：

(1) 未注倒角小于C0.5，未注圆角小于R0.5；

(2) 未注尺寸公差按IT12加工；

(3) 材料：45号钢；

(4) 坯料尺寸：ϕ70×120。

图 6-47　零件图样 3

附录 数控车床编程与操作习题

一、填空题。

1. 闭环控制系统的反馈装置是装在（   ）。

2. 用来确定生产对象上几何要素间的（   ）所依据的那些点、线、面称为基准。

3. 工件夹紧的三要素是（   ）、（   ）、（   ）。

4. 为了保障人身安全，在正常情况下，电气设备的安全电压规定为（   ）。

5. 利用计算机辅助设计与制造技术，进行产品的设计和制造，可以提高产品质量，缩短产品研制周期。它又称为（   ）。

6. 数控装置对所收到的信号进行一系列处理后，再将处理结果以（   ）形式向伺服系统发出执行命令。

7. 开环伺服系统的主要特征是系统内（   ）位置检测反馈装置。

8. CNC 系统中的 PLC 是（   ）。

9. 按照机床运动的控制轨迹分类，数控车床属于（   ）。

10. 数控机床中把脉冲信号转换成机床移动部件运动的组成部分称为（   ）。

11. 数控机床的联运轴数是指机床数控装置的（   ）同时达到空间某一点的坐标数目。

12. 只要数控机床的伺服系统是开环的，一定没有（   ）装置。

13. 数控系统之所以能进行复杂的轮廓加工，是因为它具有（   ）。

14. 数控编程人员在数控编程和加工时使用的坐标系是（   ）。

15. 在编制加工中心的程序时应正确选择（   ）的位置，要避免刀具交换时与工件或夹具产生干涉。

16. 一般而言，增大工艺系统的（   ）才能有效地降低振动强度。

17. （   ）是指机床上一个固定不变的极限点。

18. 数控机床的旋转轴之一 B 轴是绕（   ）直线轴旋转的轴。

19. 机床坐标系采用笛卡尔右手坐标系，增大工件和刀具之间的距离的方向是（   ）。

20. 加工中心用刀具与数控铣床用刀具的区别在于（   ）。

21. 回零操作就是使运动部件回到（   ）。

22. 在 CRT/MDI 面板的功能键中，显示机床现在位置的键是（   ）。

23. 操作数控机床时，每启动一次，只进给一个设定单位的控制称为（   ）。

24. 设置零点偏置(G54~G59)是从(   )输入的。

25. 数控机床工作时,当发生异常现象需要紧急处理时,应启动(   )。

26. ISO 标准规定增量尺寸方式的指令为(   )。

27. 沿刀具前进方向观察,刀具偏在工件轮廓的左边是 G41 指令,刀具偏在工件轮廓的右边是(   )指令。

28. 刀具长度正补偿是(   )指令。

29. 圆弧插补指令 G03 X_ Y_ R_中,X、Y 后的值表示圆弧的(   )。

30. 用于指令动作方式的准备功能的指令代码是(   )。

31. 有些数控系统分别采用(   )和(   )来表示绝对尺寸编程和增量尺寸编程。

32. G96 指令用于(   )。

33. 在数控车削加工时,如果(   ),可以使用固定循环。

34. G41 指令是指(   )。

35. 在数控车床中,卡盘的夹紧方式有(   )三种。

36. 数控车床进给传动装置的优点是(   )。

37. 在数控车削加工中,如果工件为回转体,并且需要进行二次装夹,应采用(   )装夹。

38. 制订加工方案的一般原则为先粗后精、先近后远、先内后外,(   ),走刀路线最短,特殊情况特殊处理。

39. 当粗车悬伸较长的轴类零件时,如果切削余量较大,可以采用(   )方式进行加工,以防止工件产生较大的变形。

40. 数控机床的操作,一般有点动模式、自动模式、手动数据输入模式,在运行已经调试好的程序时,通常采用(   )。

41. 车床的主运动是指(   )。

42. 车床主运动的单位为(   )。

43. 数控机床采用笛卡尔(   )坐标系。

44. 数控机床的机床坐标系是由机床的(   )建立的,机床的使用者不能进行修改。

45. 数控车床通常由(   )等几个部分组成。

46. 数控车床刀架的位置布置形式有(   )两大类。

47. 数控车床加工的主要几何要素为(   )。

48. 用三个支承点对工件的平面进行定位,能消除其(   )的自由度。

49. 在数控车床上加工轴类零件时,应遵循(   )的原则。

50. G50 指令是(   )。

51. 辅助功能中表示无条件程序暂停的指令是(   )。

52. G00 的指令移动速度是(   )的。

53. 在圆弧插补程序段中,若采用圆弧半径 R 编程,从起点到终点存在两条圆弧,当(   )时,用－R 表示圆弧半径。

54. G42 表示(   )。

55. 程序结束时,用(   )指令表示。

56. 数控车床加工程序中调用子程序的指令是(　　　　)。

57. 刀具长度补偿值的地址用(　　　　)表示。

58. G54 的作用是(　　　　)。

59. 数控车床中,转速功能字 F 的单位一般为(　　　　)。

60. 数控车床中,转速功能字 S 的单位一般为(　　　　)。

61. 车削加工时,加工圆弧的圆心角一般应小于(　　　　),否则会出现干涉。

62. 机床切削精度检查,实际上是对机床几何精度和(　　　　)在切削加工条件下的一项综合检查。

63. 零件的机械加工精度主要包括(　　　　)。

64. 闭环进给伺服系统与半闭环进给伺服系统的主要区别在于(　　　　)。

65. 在精度要求高的盘套类零件、轮廓形状复杂的轴类零件、多孔系的箱体类零件中,除(　　　　)外,均可用数控车床进行加工。

66. 滚珠丝杠副消除轴向间隙的目的是(　　　　)。

67. 造成刀具磨损的主要原因是(　　　　)。

68. 在 M03、G04、S300 中,属于非模态代码的是(　　　　)。

69. 数控机床的操作,一般有点动模式、自动模式、手动数据输入模式,在输入与修改刀具参数时,通常采用(　　　　)。

70. 切削时的切削热大部分由(　　　　)传散出去。

71. G71 P04 Q15 U2.0 W1.0 D3.0 F0.3 S500,该固定循环的吃刀深度是(　　　　)。

72. 在切削用量中,对刀具耐用度影响最大的因素是(　　　　)。

73. 在高温下,刀具切削部分必须具有足够的硬度,这种在高温下仍具有硬度的性质称为(　　　　)。

74. 在编写圆弧插补程序时,若用半径 R 指定圆心位置,不能描述(　　　　)。

75. 在主轴正常运转的条件下,若使切削进给暂停 800 ms 实现无进给光整加工,正确的编程语句为(　　　　)。

76. (　　　　)是数控机床运动轴移动的最小位移单位,其值取得越小,零件的加工精度越高。

77. 数控编程时,应首先设定(　　　　)。

78. 在选择车削加工刀具时,若用一把刀既加工轮廓,又加工端面,则车刀的(　　　　)应大于 90°。

79. HRC 表示(　　　　)。

80. 数字控制是用(　　　　)信号进行控制的一种方法。

81. 数控机床的核心装置是(　　　　)。

82. 采用固定循环编程,可以(　　　　)。

83. 按数控系统的控制方式分类,数控机床分为开环控制数控机床、(　　　　)、闭环控制数控机床。

84. 精基准是用(　　　　)的表面作为定位基准面。

85. 世界上第一台数控机床是(　　　　)年研制出来的

86. 数控车床编程时通常采用(　　　　)径值编程。

87. 采用三爪自定心卡盘和顶尖装夹轴类零件时限制的自由度是(　　　　)个。

88. 程序校验与首件试切的作用是检验(　　　)是否正确。

二、选择题。

1. 车刀的前刀面是指(　　　)。

(A)加工时,刀片与工件相对的表面　　　　(B)加工时,切屑经过的刀片表面

(C)刀片与已加工表面相对的表面　　　　(D)刀片上不与切屑接触的表面

2. 车刀的主偏角是指(　　　)。

(A)前刀面与加工基面之间的夹角

(B)后刀面与切削平面之间的夹角

(C)切削平面与假定进给运动方向之间的夹角

(D)主切削刃与基面之间的夹角

3. 车刀的刃倾角是指(　　　)。

(A)前刀面与加工基面之间的夹角

(B)后刀面与切削平面之间的夹角

(C)切削平面与假定进给运动方向之间的夹角

(D)主切削刃与基面之间的夹角

4. 以下材料中,可以用于车刀刀片的是(　　　)。

(A)高速钢　　　　(B)普通碳素钢　　　　(C)铸铁　　　　(D)球墨铸铁

5. 车刀前角主要影响(　　　)。

(A)切屑变形和切削力　　　　(B)刀具磨损程度

(C)切削时,切屑的流向　　　　(D)刀具的散热

6. 在数控车床中,加工外圆时通常采用(　　　)。

(A)镗刀　　　　(B)机夹可转位车刀

(C)钻头　　　　(D)立铣刀

7. 数控车床中使用电机的数目一般为(　　　)。

(A)一台　　　　(B)两台

(C)四台　　　　(D)根据机床的结构确定

8. 数控车床的主运动一般采用(　　　)方式变速。

(A)齿轮传动　　　　(B)皮带传动　　　　(C)变频　　　　(D)改变电机磁极对数

9. 用一个心轴对工件进行定位,能消除其(　　　)的自由度。

(A)两个平动和两个转动　　　　(B)三个转动

(C)一个转动和两个平动　　　　(D)三个平动

10. 数控车削加工内孔的深度受到(　　　)两个因素的限制。

(A)车床床身的长度和导轨的长度

(B)车床床身的长度和内孔刀(镗孔)的安装距离

(C)车床的有效长度和内孔刀(镗孔)的有效长度

(D)车床床身的长度和内孔刀(镗孔)的长度

11. 在数控车床上加工内孔(镗孔)时,应采用(　　　)。

(A)斜线退刀方式　　　　(B)径向-轴向退刀方式

(C)轴向-径向退刀方式　　　　(D)以上三种方式都可以

12. 换刀点是（　　）。

（A）一个固定的点，不随工件坐标系位置的改变而改变

（B）一个固定的点，但随工件坐标系位置的改变而改变

（C）一个随程序变化而改变的点

（D）一个随加工过程改变的点

13. 在数控车床上使用"试切法"进行对刀时，可以采用保留（　　）的方法。

（A）普通车刀　　　　（B）钻头　　　　（C）立铣刀　　　　（D）基准刀

14. 数控机床一般采用机夹刀具，与普通刀具相比，机夹刀具有很多特点，但（　　）不是机夹刀具的特点。

（A）刀片和刀具的几何参数的规范化、典型化

（B）刀具要经常进行刃磨

（C）刀片及刀柄高度的通用化、规则化、系列化

（D）刀片和刀具的耐用度及其经济寿命指标的合理化

15. G96 指令用于（　　）。

（A）设定主轴的转速　　　　　　　　（B）设定进给量的数值

（C）设定恒线速度切削　　　　　　　（D）限定主轴的转速

16. 在数控车削加工时，如果（　　），可以使用子程序。

（A）程序比较复杂　　　　　　　　　（B）加工余量较大

（C）若干加工要素完全相同　　　　　（D）加工余量较大，不能一刀完成

17. 具有刀具半径补偿功能的数控系统，可以利用刀具半径补偿功能，简化编程计算。刀具半径补偿分为建立、执行和取消 3 个步骤，但只有在（　　）指令下，才能实现刀具半径补偿的建立和取消。

（A）G00 或 G01　　　（B）G41　　　　（C）G42　　　　　（D）G40

18. 数控系统中 PLC 控制程序实现机床的（　　）。

（A）位置控制　　（B）I/O 逻辑控制　　（C）插补控制　　　（D）速度控制

19. 提高开环控制数控机床位置精度的主要做法是（　　）。

（A）减小步进电机的步距角　　　　　（B）提高丝杠螺母副的传动精度

（C）进行传动间隙和螺距误差补偿　　（D）包括（A）（B）（C）

20. 麻花钻有 2 条主切削刃、2 条副切削刃和（　　）横刃。

（A）2 条　　　　　（B）1 条　　　　　（C）3 条　　　　　（D）0 条

21. 可以完成几何造型（建模）、刀位轨迹计算及生成、后置处理、程序输出功能的编程方法，被称为（　　）。

（A）批处理方式自动编程　　　　　　（B）手工编程

（C）APT 语言自动编程　　　　　　　（D）图形交互式自动编程

22. 用数控车床进行螺纹加工时，必须在主轴上安装（　　）。

（A）加速度传感器　　　　　　　　　（B）脉冲编码器

（C）测速发电机　　　　　　　　　　（D）电流传感器

23. 机械加工工艺系统是由机床、刀具、夹具和（　　）构成的。

（A）工件　　　　（B）进给机构　　　（C）量具　　　　（D）检测机构

24. 下图表示刀架位置与圆弧顺逆方向的关系,根据图中的标注,下列描述不正确的是( )。

(A)图(a)表示刀架在机床外侧　　　(B)图(b)表示刀架在机床内侧

(C)刀架位置不同,顺逆方向相反　　(D)以上说法均不正确

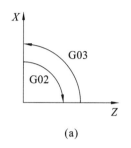

(a)

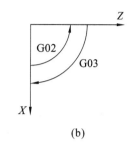

(b)

圆弧顺逆方向与刀架位置的关系

25. 影响数控车削加工精度的因素有很多,要提高加工工件的质量,有很多措施,但( )不能提高加工精度。

(A)控制刀尖中心高误差　　　　　(B)正确选择车刀类型

(C)将绝对值编程改为增量值编程　(D)减小刀尖圆弧半径对加工的影响

26. 衡量刀具磨钝的标准是( )。

(A)前刀面磨损带中间部分平均磨损量允许达到的最大值

(B)后刀面磨损带中间部分平均磨损量允许达到的最大值

(C)刀尖磨损量允许达到的最大值

(D)主切削刃平均磨损量允许达到的最大值

27. 切削用量的选择原则是:粗车时,一般( ),最后确定合适的切削速度。

(A)应首先选择尽可能大的背吃刀量,然后选择较大的进给量

(B)应首先选择尽可能小的背吃刀量,然后选择较大的进给量

(C)应首先选择尽可能大的背吃刀量,然后选择较小的进给量

(D)应首先选择尽可能小的背吃刀量,然后选择较小的进给量

28. 根据切削层金属的变形特点和变形程度的不同,切屑可分为4类,下面4幅图所示的切屑从左至右分别表示( )。

(A)带状切屑、崩碎切屑、粒状切屑、节状切屑

(B)节状切屑、带状切屑、粒状切屑、崩碎切屑

(C)节状切屑、带状切屑、崩碎切屑、粒状切屑

(D)带状切屑、节状切屑、粒状切屑、崩碎切屑

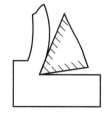 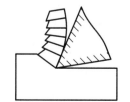 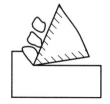 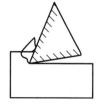

切屑

29. 测量反馈装置的目的是(　　)。

(A)提高机床的安全性 　　　　　　　　(B)延长机床的使用寿命

(C)提高机床的定位精度、加工精度 　　(D)提高机床的灵活性

30. 在数控机床的伺服电机中,只能用于开环控制系统中的是(　　)。

(A)步进电机 　　　　　　　　　　　　(B)交流伺服电机

(C)直流伺服电机 　　　　　　　　　　(D)全数字交流伺服电机

31. 在使用 G00 指令时,应注意(　　)。

(A)在程序中设置刀具移动速度 　　　(B)刀具的实际移动路线不一定是一条直线

(C)移动的速度应比较慢 　　　　　　(D)一定有两个坐标轴同时移动

32. 在设计薄壁工件夹具时,夹紧力方向应沿_____夹紧。

(A)径向 　　　　　(B)轴向 　　　　　(C)径向和轴向

33. 机床上的卡盘、中心架等属于_____夹具。

(A)通用 　　　　　(B)专用 　　　　　(C)组合

34. 下列用于数控机床检测的反馈装置中,_____用于速度反馈。

(A)光栅 　　　　(B)脉冲编码器 　　　　(C)磁尺 　　　　(D)感应同步器

35. 零件图中尺寸标注的基准一定是_____。

(A)定位基准 　　　　(B)设计基准 　　　　(C)测量基准

36. 同轴度要求较高,工序较多的长轴用(　　)装夹比较合适。

(A)四爪卡盘 　　　　(B)三爪卡盘 　　　　(C)两顶尖

37. 根据加工零件图样选定的编制零件程序的原点是(　　)。

(A)机床原点 　　　(B)编程原点 　　　(C)加工原点 　　　(D)刀具原点

38. 通过当前的刀位点来设定加工坐标系的原点,不产生机床运动的指令是(　　)。

(A)G54 　　　　(B)G53 　　　　(C)G55 　　　　(D)G50

39. 进给功能字 F 后的数字表示(　　)。

(A)每分钟进给量(mm/min) 　　　　　(B)每秒钟进给量(mm/s)

(C)每转进给量(mm/r) 　　　　　　　(D)螺纹螺距(mm)

40. 加工(　　)零件,宜采用数控加工设备。

(A)大批量 　　　　(B)多品种、中小批量 　　　　(C)单件

41. 通常数控系统除了直线插补外,还有(　　)。

(A)正弦插补 　　　　(B)圆弧插补 　　　　(C)抛物线插补

42. 从提高刀具耐用度的角度考虑,螺纹加工应优先选用(　　)。

(A)G32 　　　　(B)G92 　　　　(C)G76 　　　　(D)G85

43. 精加工时,切削速度选择的主要依据是(　　)。

(A)刀具耐用度 　　(B)加工表面质量 　　(C)工件材料 　　(D)主轴转速

44. 测量误差按其性质可分为随机误差、系统误差和粗大误差。在数控加工过程中,对零件的几何尺寸进行测量时,因千分尺的零位不准确而引起的测量误差,属于(　　)。

(A)随机误差 　　　　　　　　　　　(B)系统误差

(C)粗大误差 　　　　　　　　　　　(D)三种误差的综合反映

45. 在设计与制造刀具时,需要确定刀具角度值的大小。在刀具标注角度坐标系中,在

基面中测量的角度有( )。

（A）前角、后角和刃倾角　　　　　　（B）主偏角、副偏角和刃倾角

（C）前角、后角和刀尖角　　　　　　（D）主偏角、副偏角和刀尖角

46．由于工件材料、切削条件不同，切屑变形的程度也不同，由此产生的切屑种类也不一样。若切削条件为( )，则产生的切屑为带状切屑。

（A）工件材料又脆又硬，且进给量较大

（B）塑性材料，前角较小，切削速度较低，进给量较大

（C）塑性材料，前角较大，切削速度较高，进给量较小

（D）塑性材料，切削速度较低，进给量较大

47．刀具材料的硬度必须高于工件的硬度，一般应在 60 HRC 以上，下列几种常用的刀具材料，硬度从低到高排列顺序正确的是( )。

（A）工具钢、硬质合金、陶瓷、立方氮化硼

（B）工具钢、硬质合金、立方氮化硼、陶瓷

（C）硬质合金、工具钢、陶瓷、立方氮化硼

（D）陶瓷、立方氮化硼、工具钢、硬质合金

48．如下图所示，以工件的内孔为定位面，采取长销小平面组合的定位元件，该定位方式所限制的自由度是( )。

（A）X、Y、Z 方向的移动和绕 X、Y、Z 轴的转动

（B）X、Z 方向的移动和绕 X、Y、Z 轴的转动

（C）X、Y、Z 方向的移动和绕 X、Z 轴的转动

（D）X、Z 方向的移动和绕 X、Z 轴的转动

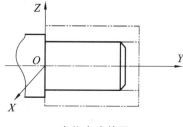

定位方式简图

49．程序结束并且光标返回程序头的代码是( )。

（A）M00　　　　　（B）M02　　　　　（C）M30　　　　　（D）M03

50．有些零件需要在不同的位置上重复加工同样的轮廓形状，编程时应采用( )功能。

（A）比例缩放加工　　　　　　　　　（B）子程序调用

（C）旋转　　　　　　　　　　　　　（D）镜像加工

51．试切对刀法如下图所示，由图可以看出，( )。

（A）(a)完成 Z 向对刀　　　　　　　（B）(a)完成 X 向对刀，(b)完成 Z 向对刀

（C）(b)完成 X 向对刀　　　　　　　（D）(a)完成 Z 向对刀，(b)完成 X 向对刀

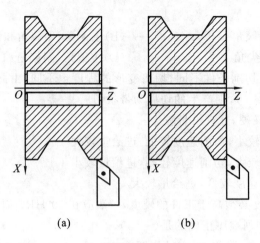

（a）   （b）

试切对刀法

52. 编排数控机床加工工序时，为了提高精度，可采用（　　　）。

(A)精密专用夹具   (B)一次装夹多工序集中

(C)流水线作业法   (D)工序分散加工法

三、判断题。

（　　）1. 对于同一个 G 代码而言，不同的数控系统所代表的含义不完全一样，但对于同一个功能指令（如公制/英制尺寸转换、直线/旋转进给转换等），则与数控系统无关。

（　　）2. 使用快速定位指令 G00 时，刀具运动轨迹可能是折线，因此，要注意防止出现刀具与工件干涉现象。

（　　）3. 数控车床适宜加工轮廓形状特别复杂或难于控制尺寸的回转体零件、箱体类零件、精度要求高的回转体零件、特殊的螺旋类零件等。

（　　）4. 加工偏心工件时，应保证偏心的中心与机床主轴的回转中心重合。

（　　）5. 程序校验与首件试切的作用是检查机床是否正常，以保证加工的顺利进行。

（　　）6. 用三爪自定心卡盘夹持工件进行车削，属于完全定位。

（　　）7. 半闭环控制系统的精度高于开环系统，但低于闭环系统。

（　　）8. 编制数控程序时一般以机床坐标系作为编程依据。

（　　）9. 机床参考点在机床上是一个浮动的点。

（　　）10. 选择数控车床用的可转位车刀时，钢和不锈钢属于同一工件材料组。

（　　）11. 由于数控机床的先进性，任何零件均适合在数控机床上加工。

（　　）12. G00 指令控制刀具沿直线快速移动到目标位置。

（　　）13. 数控机床的机床坐标原点和机床参考点是重合的。

（　　）14. 外圆粗车循环方式适合于加工已基本铸造或锻造成型的工件。

（　　）15. 数控车床的刀具补偿功能有刀尖半径补偿与刀具位置补偿。

（　　）16. 固定循环是预先给定一系列操作，用来控制机床的位移或主轴运转。

（　　）17. 外圆与内孔偏心的零件叫偏心轴。

（　　）18. 偏心零件的轴心线只有一条。

（　　）19. 刀具材料的切削部分一般是韧性越高,耐磨性越好。

（　　）20. 测量高精度轴向尺寸时,注意将工件两端面擦净。

（　　）21. 定位的任务,就是要限制工件的自由度。

（　　）22. M01 指令属于准备功能字指令,含义是主轴停转。

（　　）23. 编制数控程序时一般以工件坐标系作为编程依据。

（　　）24. G04 是模态代码。

（　　）25. 数控机床坐标轴一般采用右手定则来确定。

（　　）26. 检测装置是数控机床必不可少的装置。

（　　）27. 数控机床既可以自动加工,也可以手动加工。

（　　）28. 数控机床的进给方式分为每分钟进给和每转进给两种,一般可用 G94 和 G95 来区分。

（　　）29. 尺寸基准就是标准尺寸的起点。

（　　）30. 数控车床的加工精度比普通车床的加工精度高,是因为数控车床的传动链比普通车床的传动链长。

（　　）31. 在开环控制系统中,数控装置发出的指令脉冲频率越高,工作台的位移速度越慢。

（　　）32. G54 是设定机床坐标系指令。

（　　）33. CIMS 是指计算机集成制造系统,FMS 是指柔性制造系统。

（　　）34. 采用一夹一顶加工轴类零件,限制了六个自由度,这种定位方式属于完全定位。

（　　）35. 衡量车刀材料切削性能好坏的主要指标是硬度。

（　　）36. 车削中增大进给量可以达到断屑的效果。

（　　）37. 切削液的作用是冷却作用、润滑作用、清洗作用和排屑作用。

（　　）38. 整洁的工作环境可以振奋职工的精神,提高工作效率。

（　　）39. 不能随意拆卸防护装置。

（　　）40. 滚珠丝杠虽然传动效率高,精度高,但不能自锁。

（　　）41. 加工多线螺纹时,加工完一条螺纹后,加工第二条螺纹的起点应与第一条螺纹的起点相隔一个导程。

（　　）42. 选择粗基准时,可以选择任意表面。

（　　）43. 加工中心与普通数控机床的区别在于转速。

（　　）44. 在大批量生产中,常采用工序分散原则。

（　　）45. 所有的 G 功能代码都是模态指令。

（　　）46. 数控加工程序的执行顺序与程序段号无关。

（　　）47. 切削加工时,主运动通常是速度较低,消耗功率较小的运动。

（　　）48. 切屑经过滑移变形发生卷曲的原因,是底层长度大于外层长度。

（　　）49. 数控系统的分辨率越小,机床的加工精度不一定就越高。

（　　）50. 加工程序中,每段程序必须有程序段号。

（　　）51．当刀具执行 G00 指令时，以点位控制方式运动到目标位置，其运动轨迹一定是一条直线。

（　　）52．车削细长轴时，为了减小刀具对工件的径向作用力，应尽量增大车刀的主偏角。

（　　）53．圆弧插补指令中，I、J、K 地址的值无方向，用绝对值表示。

（　　）54．在车削加工中心上，可以进行钻孔、螺纹加工和磨削加工。

（　　）55．数控加工的编程方法主要分为手工编程和自动编程两大类。

（　　）56．机床开机回零的目的是建立工件坐标系。

（　　）57．系统操作面板上复位键的功能为接触报警和数控系统的复位。

（　　）58．CAPP 的含义是计算机辅助工艺规程设计。

（　　）59．数控钻床和数控冲床都属于轮廓控制机床。

（　　）60．为了建立机床坐标系和工件坐标系之间的关系，需要建立对刀点。所谓对刀点，就是用刀具加工零件时，刀具相对于零件运动的起点。

（　　）61．坐标系设定指令程序段只设定程序原点的位置，它并不产生运动，即刀具仍在原位置。

（　　）62．子程序可以嵌套子程序，但子程序必须在主程序结束指令后建立。

（　　）63．一个程序段中，可以有多个 G、M 指令，但只能有一个 F、S、T 指令。若一个程序段中出现多个 F、S、T 指令，则最后一个有效。

四、简答题。

1．简述半闭环控制系统与闭环控制系统的区别。

2．简述模态指令与非模态指令的区别，举例说明。

3．简述机床坐标系与工件坐标系的差异。

4．简述数控车床编程中 U、W 的含义。

5．简述点位控制系统、直线控制系统和轮廓控制系统的区别。

6．数控机床的特点有哪些？

7．简述数控加工为什么要进行对刀。

8．数控车床采用增量值编程时使用什么尺寸字？

9．车外圆时，工件表面为椭圆形，是哪些原因造成的？

10．简述车刀主偏角的作用。

11．数控机床由哪几个部分组成？

12．对刀具材料的基本要求是什么？常用的刀具材料有哪些？

13．车外圆时，工件表面产生锥度，简述其产生的原因。

14．车端面时，端面与中心线不垂直，是由哪些原因造成的？

15．怎样区别左偏刀和右偏刀？

16．简述数控车削加工的特点及使用范围。

17．车螺纹时，牙型不正确，分析其产生的原因。

18．车外圆时，表面粗糙度达不到要求，是由哪些原因造成的？

19. 简述对刀点的定义和选择原则。

20. 使用成形车刀时,如何减少和防止振动?

21. 金属切削油具有哪些作用?

22. 简述 G00 与 G01 程序段的主要区别。

23. 什么是刀具半径补偿?指令是什么?

24. 在编写加工程序时,利用子程序有什么优点?

25. 简述数控编程的步骤。

26. 用刀具补偿功能的优越性是什么?

27. 数控加工对刀具有哪些要求?

28. 简述数控机床进给伺服系统的作用。

29. 数控机床通常如何确定机床坐标系和回转运动轴的坐标?

30. 外圆粗车循环 G71 与 G73 各适合于加工什么样的毛坯?

五、操作题。

1. 使用数控编程指令编写下图所示零件的加工程序,并用 VNUC 数控加工仿真软件模拟出加工路线轨迹。

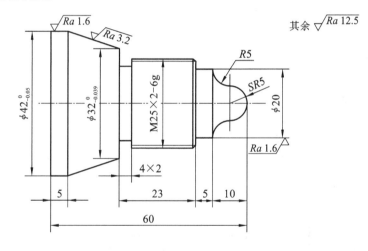

要求:

(1) 能调试仿真软件及正确使用其操作面板;

(2) 建立工件坐标系,保存 NC 文件;

(3) 正确使用 G00、G01、G02 及 G03 指令;

(4) 正确使用粗车、精车循环指令;

(5) 正确使用螺纹循环指令;

(6) 正确使用换刀、主轴正/反转等辅助指令;

(7) 综合使用 G、M、S、T、F 等功能;

(8) 加工路线安排合理;

(9) 正确选取毛坯、刀具,准确对刀;

(10) 仿真加工出零件效果图。

2. 使用数控编程指令编写下图所示零件的加工程序,并用 VNUC 数控加工仿真软件模拟出加工路线轨迹。

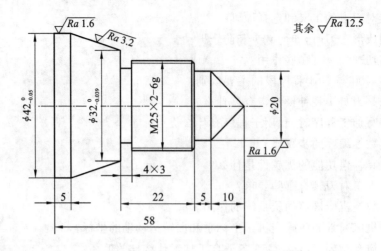

要求：

（1）能调试仿真软件及正确使用其操作面板；

（2）建立工件坐标系，保存 NC 文件；

（3）正确使用 G00、G01、G02 及 G03 指令；

（4）正确使用粗车、精车循环指令；

（5）正确使用螺纹循环指令；

（6）正确使用换刀、主轴正/反转等辅助指令；

（7）综合使用 G、M、S、T、F 等功能；

（8）加工路线安排合理；

（9）正确选取毛坯、刀具，准确对刀；

（10）仿真加工出零件效果图。

3. 使用数控编程指令编写下图所示零件的加工程序，并用 VNUC 数控加工仿真软件模拟出加工路线轨迹。

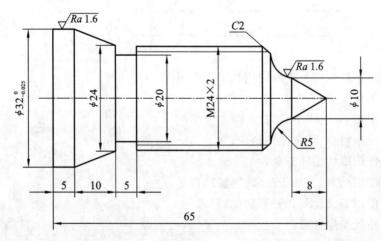

要求：

（1）能调试仿真软件及正确使用其操作面板；

（2）建立工件坐标系，保存 NC 文件；

（3）正确使用 G00、G01、G02 及 G03 指令；

（4）正确使用粗车、精车循环指令；

（5）正确使用螺纹循环指令；

（6）正确使用换刀、主轴正/反转等辅助指令；

（7）综合使用 G、M、S、T、F 等功能；

（8）加工路线安排合理；

（9）正确选取毛坯、刀具，准确对刀；

（10）仿真加工出零件效果图。

4．使用数控编程指令编写下图所示零件的加工程序，并用 VNUC 数控加工仿真软件模拟出加工路线轨迹。

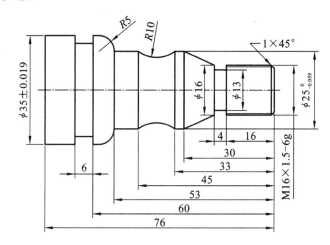

要求：

（1）能调试仿真软件及正确使用其操作面板；

（2）建立工件坐标系，保存 NC 文件；

（3）正确使用 G00、G01、G02 及 G03 指令；

（4）正确使用粗车、精车循环指令；

（5）正确使用螺纹循环指令；

（6）正确使用换刀、主轴正/反转等辅助指令；

（7）综合使用 G、M、S、T、F 等功能；

（8）加工路线安排合理；

（9）正确选取毛坯、刀具，准确对刀；

（10）仿真加工出零件效果图。

5．使用数控编程指令编写下图所示零件的加工程序，并用 VNUC 数控加工仿真软件模拟出加工路线轨迹。

要求：

（1）能调试仿真软件及正确使用其操作面板；

（2）建立工件坐标系，保存 NC 文件；

（3）正确使用 G00、G01、G02 及 G03 指令；

（4）正确使用粗车、精车循环指令；

（5）正确使用螺纹循环指令；

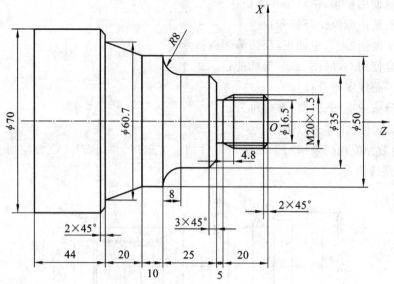

（6）正确使用换刀、主轴正/反转等辅助指令；

（7）综合使用 G、M、S、T、F 等功能；

（8）加工路线安排合理；

（9）正确选取毛坯、刀具，准确对刀；

（10）仿真加工出零件效果图。

6. 使用数控编程指令编写下图所示零件的加工程序，并用 VNUC 数控加工仿真软件模拟出加工路线轨迹。

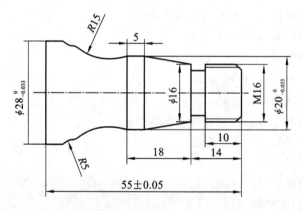

要求：

（1）能调试仿真软件及正确使用其操作面板；

（2）建立工件坐标系，保存 NC 文件；

（3）正确使用 G00、G01、G02 及 G03 指令；

（4）正确使用粗车、精车循环指令；

（5）正确使用螺纹循环指令；

（6）正确使用换刀、主轴正/反转等辅助指令；

（7）综合使用 G、M、S、T、F 等功能；

（8）加工路线安排合理；

（9）正确选取毛坯、刀具,准确对刀;

（10）仿真加工出零件效果图。

7. 使用数控编程指令编写下图所示零件的加工程序,并用 VNUC 数控加工仿真软件模拟出加工路线轨迹。

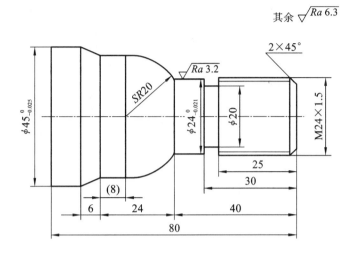

要求:

（1）能调试仿真软件及正确使用其操作面板;

（2）建立工件坐标系,保存 NC 文件;

（3）正确使用 G00、G01、G02 及 G03 指令;

（4）正确使用粗车、精车循环指令;

（5）正确使用螺纹循环指令;

（6）正确使用换刀、主轴正/反转等辅助指令;

（7）综合使用 G、M、S、T、F 等功能;

（8）加工路线安排合理;

（9）正确选取毛坯、刀具,准确对刀;

（10）仿真加工出零件效果图。

8. 使用数控编程指令编写下图所示零件的加工程序,并用 VNUC 数控加工仿真软件模拟出加工路线轨迹。

要求:

（1）能调试仿真软件及正确使用其操作面板;

（2）建立工件坐标系,保存 NC 文件;

（3）正确使用 G00、G01、G02 及 G03 指令;

（4）正确使用粗车、精车循环指令;

（5）正确使用螺纹循环指令;

（6）正确使用换刀、主轴正/反转等辅助指令;

（7）综合使用 G、M、S、T、F 等功能;

（8）加工路线安排合理;

（9）正确选取毛坯、刀具,准确对刀;

（10）仿真加工出零件效果图。

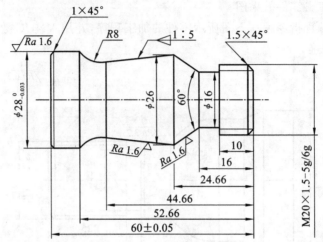

9. 使用数控编程指令编写下图所示零件的加工程序，并用 VNUC 数控加工仿真软件模拟出加工路线轨迹。

其余 $\sqrt{Ra\,6.3}$

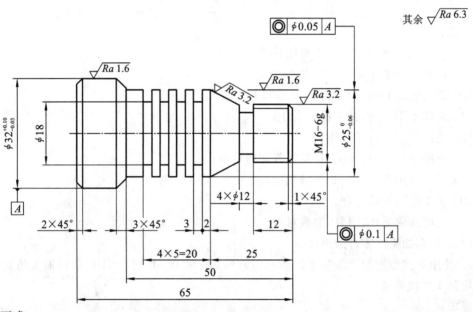

要求：

（1）能调试仿真软件及正确使用其操作面板；

（2）建立工件坐标系，保存 NC 文件；

（3）正确使用 G00、G01、G02 及 G03 指令；

（4）正确使用粗车、精车循环指令；

（5）正确使用螺纹循环指令；

（6）正确使用换刀、主轴正/反转等辅助指令；

（7）综合使用 G、M、S、T、F 等功能；

（8）加工路线安排合理；

（9）正确选取毛坯、刀具，准确对刀；

（10）仿真加工出零件效果图。

10. 使用数控编程指令编写下图所示零件的加工程序，并用 VNUC 数控加工仿真软件模拟出加工路线轨迹。

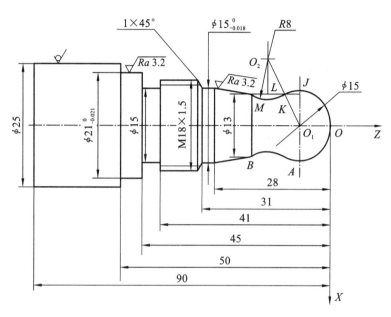

要求：

（1）能调试仿真软件及正确使用其操作面板；

（2）建立工件坐标系，保存 NC 文件；

（3）正确使用 G00、G01、G02 及 G03 指令；

（4）正确使用粗车、精车循环指令；

（5）正确使用螺纹循环指令；

（6）正确使用换刀、主轴正/反转等辅助指令；

（7）综合使用 G、M、S、T、F 等功能；

（8）加工路线安排合理；

（9）正确选取毛坯、刀具，准确对刀；

（10）仿真加工出零件效果图。

参考文献

［1］ HNC-818 数控系统用户说明书,2016.

［2］ 王素艳.FANUC 系统数控车床编程与维护［M］.北京:电子工业出版社,2008.

［3］ 胡育辉,袁晓东.数控机床编程与操作［M］.北京:北京大学出版社,2008.

［4］ 胡育辉.数控机床编程技术［M］.成都:西南交通大学出版社,2006.